Aad Vijverberg

Landbouw, Duurzaamheid en Biologische bestrijding

GRIN Verlag

Bibliografische Information der Deutschen Nationalbibliothek:

Die Deutsche Bibliothek verzeichnet diese Publikation in der Deutschen Nationalbibliografie; detaillierte bibliografische Daten sind im Internet über http://dnb.d-nb.de/ abrufbar.

Imprint:

Druck und Bindung: Books on Demand GmbH, Norderstedt Germany
ISBN: 978-3-640-33262-5

This book at GRIN:

http://www.grin.com/en/e-book/127221/landbouw-duurzaamheid-en-biologische-bestrijding

Landbouw,

Duurzaamheid

en

Biologische

bestrijding

A.J. Vijverberg

Filosofische waarheid is een in *oppositie verwikkelde waarheid.* Vandaar dat het onmogelijk is een filosoof te begrijpen zonder hem te vragen: In welk conflict ben je verwikkeld? Waar wil je vanaf en waar wil je naartoe?[1]

[1] Boukema, H., 2006. (On)waarheid in oppositie. Frege, Thomas en het neothomisme. Annalen van het Thijmgenootschap 94 (3): 194-229.

over

Landbouw

Duurzaamheid

en

Biologische bestrijding

Essay aangeboden aan
Artemis
bij gelegenheid
van het afscheid van die vereniging

A.J. Vijverberg

2007

Inhoud

Komkommerkas met komkommers(achter) en opkweek van planten (voor); Wiersma, 1918. De opkweek is tot 1960 een normale bezigheid op het productiebedrijf. Daarna is deze activiteit 'geëxternaliseerd: overgenomen door gespecialiseerde bedrijven.

Woorden: voertuigen van onze gedachten

In woorden formuleren wij onze gedachten. Woorden zijn instrumenten om onze ideeën vorm te geven. Het zijn als het ware de voertuigen waarmee wij onze gedachten aan anderen overbrengen. Belangrijk bij het communiceren is dat wij een taal gebruiken, die de ander begrijpt. Spreker en luisteraar, maar ook schrijver en lezer moeten in één taal communiceren. Eenduidigheid in taalgebruik is echter allesbehalve een automatisme! Ik illustreer dit aan de hand van een paar voorbeelden.

De dikke van Dale (1999[13]) geeft als omschrijving voor natuur: 'toestand waarin iets bestaat voordat men er opzettelijk iets aan heeft veranderd'. Uitgaande van deze omschrijving is het duidelijk dat het Groene Hart géén natuurgebied is maar een cultuurlandschap. Het is gevormd in eeuwen van landbouwbeoefening en drooglegging. 'Weidevogels' als groepering vormen een bekend kenmerk van het Groene Hart. Het zijn vogels die aan de weide, aan de landbouw verbonden zijn. Weidevogels zijn, als de term juist gebruikt wordt, cultuurvolgers; bewoners van een (steeds veranderend) cultuurlandschap en *dus* een groep die steeds verandert van samenstelling.[2] Toch duiden velen het Groene Hart aan als een natuurgebied. 'Natuurgebieden aanleggen' is uitgaande van de omschrijving in de dikke van Dale een 'contradictio in terminus'. Filosofen spreken in dit verband wel over de 'uitvinding van natuurontwikkeling'.[3]

Om politieke redenen (natuur is 'in' en daarvoor is *dus* geld beschikbaar) wordt dit begrip oneigenlijk gebruikt. Misschien duidt het woordgebruik ook wel op nostalgie. Zoals het cultuurlandschap er vroeger uitzag was het goed. Dat was 'natuur'. Bijna honderd jaar geleden schreven twee landbouwkundigen in een beschrijving van de akkerbouw in Nederland het volgende over de veranderingen in het cultuurlandschap:[4]

> *Wie b.v. na dertig jaren in Amerika te zijn geweest, heden [1913] in den Gelderschen Achterhoek terugkeert, zal nauwelijks wanen zich op den bodem te bevinden waar hij zijne jonge jaren sleet, althans als hij de streek met landbouwersoogen beziet. Het landbouwbeeld is daar een geheel ander geworden.*

---

[2] Het cultuurlandschap is in onze maatschappij ook een consumptiegoed. Veranderingen in de productiewijze die invloed hebben op bedoelde cultuurvolgers mogen alleen doorgevoerd worden in overleg met de direct betrokkenen (overheid, natuurbeschermingsorganisaties).

[3] Drenthen, M., 1998. Maakbare natuur, waanzinnige oase of wonderlijke wereld? Annalen van het Thijmgenootschap 86 (3): 41-46.

[4] Mayer Gmelin, H.K.H.A. & Th. J. Mansholt, 1913. Akker- en weidebouw. In: Hoek, P. van e.a. De Nederlandsche landbouw in het tijdvak 1813-1913. Gebr. Langenhuyzen, 's-Gravenhage: 243-293.

Niet aldus in de Betuwe en op de Utrechtsche kleigronden, waar bloeiende onkruidvelden nog heden ten dage evenals honderd jaren geleden eene bejammerenswaardige kleurenpracht ten toon spreiden.

De 'bejammerenswaardige kleurenpracht' is het cultuurlandschap waar veelmensen naar verlangen en die zij als natuur omschrijven! Ook het Achterhoekse landschap, zoals dat er in 1913 uitzag, de gemoderniseerde Achterhoek anno 1913 dus, wordt nu als natuur omschreven. Misschien is natuur wel te omschrijven als 'datgene wat de mensen zich uit hun jeugd herinneren'. Een voorbeeld hiervan geeft Van Someren.[5] Hij beschrijft in 1997 het in 1913 als gemoderniseerd omschreven landschap van de Achterhoek als 'natuur' met het volgende beeld.

Vroeger had je bij voorbeeld een riviertje dat zich slingerend door de Achterhoek bewoog.
Toen kwam het waterschap en werd besloten dat riviertje recht te trekken.
Toen kwam het waterschap nog een keer en werd besloten weer slingers in het riviertje te leggen.
Wat is het verschil?
Vroeger slingerde dat riviertje omdat het riviertje dat wou [in de belevingswereld van Van Someren], nu omdat het waterschap het wil.

Vergelijking van bovenstaande twee citaten, respectievelijk uit 1913 en 1997, illustreren de nostalgie van de moderne mens. Het in de herinnering levende beeld van de landbouw wordt als natuur omschreven. Historisch besef, mede opgedaan door de omschrijving uit 1913, leert ons dat het hier, in de Achterhoek, om een 'gemoderniseerd' cultuurlandschap gaat.

In onze kring, in de gewasbescherming, zijn ook voorbeelden te vinden van oneigenlijk gebruik van termen. Ik heb daar eerder op gewezen.[6] Een voorbeeld van onjuist woordgebruik in de gewasbescherming betreft het gebruik van de termen biologie en chemie. Hierbij verengt men het begrip biologie tot de toepassing van biologische bestrijders en -biologische middelen. Het begrip chemie wordt beperkt tot de toepassing van synthetisch organische gewasbeschermingsmiddelen. Chemie is 'verwerpelijk'. Veel biologie en weinig chemie toepassen is dus het motto. Met zo'n attitude wordt gescoord. Als de mensheid erin geslaagd is een zichzelf replicerende machine te bouwen (leven te maken in het laboratorium, een kwestie van tijd dus) zal het duidelijk worden dat levende organismen gecompliceerde, chemische constructies, chemische fabriekjes zijn. De tegenstelling biologie versus chemie, die in de wetenschap niet bestaat, zal dan wellicht in de maatschappij verdwijnen. Recent formuleerde een bioloog zijn ideeën als volgt:[7]

---

5 Someren, Koos van, 1997. Over maakbare natuur. NRC, 12 april. Zie ook Annalen van het Thijmgenootschap, 86-3 (1998):15-22.

6 Vijverberg, A.J., 2004. Toekomst biologische bestrijding. Gewasbescherming 35: 18-19.

7 Noteborn, M.H.M., 2005. Biomoleculaire dans van leven, ziekte en dood. Aanvaardingsrede Universiteit Leiden.

Alle leven wordt gevormd door cellen. Cellen zijn ingewikkelde organismen of kleine fabriekjes boordevol chemische processen en verbindingen. Cellen bestaan uit vele miljoenen biomoleculen.

Ik denk dat het voor het debat belangrijk is om begrippen goed te definiëren. Overheid, bedrijven en maatschappelijke organisaties (ook Artemis) hebben de nijging om taal verhullend te gebruiken. Men neigt ertoe ideeën achter woorden te verbergen. Ik denk dat de maatschappij daarmee niet gediend is.

In dit essay zal ik proberen mij zo helder mogelijk uit te drukken.

Ik begin dit essay met een voorbeeld hoe (veel) ontwikkelingen in de landbouw verlopen. De drijvende factoren achter die ontwikkeling zijn zuinigheid, opbrengst en arbeidsomstandigheden.

Toen arbeid relatief goedkoop was en de gevaren van bestrijdingsmiddelen voor de gezondheid amper bekend waren, werd de techniek van het lijnspuiten gehanteerd; ± 1950.[8]

[8] Bieleman, J., 2000. Gewasbescherming. In: Techniek in Nederland in de twintigste eeuw . Historie der techniek/ Walburg Pers, Zutphen III: 202-225.

Een voorbeeld van ontwikkeling: het glasgebruik

Het gebruik van glas is een goed voorbeeld om de ontwikkelingsgang in de tuinbouw (en breder gezien in de landbouw) te illustreren. Het schietraam (de oudste vorm van glasgebruik waarvan een goed plaatje bestaat) was een groot, log raam. Dit raam werd onder andere vóór de druivenboom tegen de druivenmuur geplaatst om een vroegere oogst te verkrijgen. Daarnaast deed het dienst als platglas. Het raam was onhandig zowel in de productie als in het gebruik.

Schietramen geplaatst voor een druivenmuur (Woutersweg, 's-Gravenzande) Het vele timmer- en schilderwerk is aan de ramen af te lezen.Eén raam was door middel van drie stijlen onderverdeeld in vier rijtjes ruiten, in totaal twintig stuks.Het plaatje is uit 1927. Het schietraam was toen al verleden tijd. De gaten in het glas laten dit zien[9].

Het raam maken was duur en omslachtig. Het werd, althans in het Westland, gemaakt van Amerikaans grenenhout, de dorpel soms van eiken. Een timmerman maakte het raam pasklaar, een schilder verfde het geheel en zette de ruitjes in stopverf. Rond 1890 kostte een raam van 4 x 5½ voet (1.25 x 1.72 m) zes tot zeven en halve gulden per stuk[10] (één gulden is € 0.45). Het plaatsen en verplaatsen van zo'n raam was omslachtig. Er waren twee mensen nodig om dit zware, grote raam op te pakken. De eenruiter was andere koek. Dit raam was de helft kleiner (0.73 x 1.41 m; glasmaten, exclusief lijst) en bestond uit slechts één ruit. Het had in het gebruik grote voordelen. Er was minder hout bij nodig en dus minder onderhoud. Het werk van de timmerman was eenvoudiger geworden omdat er binnen de lijst maar één ruit was. Het raam kon op de tuin in de lijst geschoven worden. Een schilder kwam er dus niet meer aan te pas. Het raam werd behalve eenvoudiger ook goedkoper. Het grootste voordeel van deze vernieuwing was de grotere lichttransmissie. En licht, dat wisten de mensen een eeuw geleden ook al, is de motor van de plantengroei.

---

[9] Muyzenberg, E.W.B. van den, 1980. A history of greenhouses. Institute for Agricultural Engineering, Wageningen: 414.

[10] Barendse, J., 1951. Hollands tuin. De Westlandse tuin van vroeger en nu. Bond Westland, Naaldwijk: 137.

De overgang van het schietraam naar de eenruiter, nu ruim 1¼ eeuw geleden, is een duidelijk voorbeeld van verduurzaming. De rug werd gespaard: P(eople); er was minder hout nodig: P(lanet) en er groeide meer onder het glas: P(rofit). Ook toen zal er over deze vernieuwing wel geklaagd zijn door vooral de schilder maar ook door de timmerman. Zij verloren immers werk!

De eenruiter staat aan de basis van het warenhuis. Bij het warenhuis waren de eenruiters (met lijst) omhoog gebracht. In het warenhuis konden hoogopgaande gewassen als tomaten geteeld worden. Het werk kon in de kas, binnen, gedaan worden. De arbeidskosten waren lager en de werkomstandigheden aangenamer.

Gestookt warenhuis waar de ramen vanaf genomen zijn om de natuur te laten inwerken (uitspoelen zout) Foto: W. van Soest.

Vereenvoudiging in de bouw (en dus goedkoper bouwen) en een betere lichttransmissie (en dus een hogere productie) zijn in de kassenbouw de motoren van de ontwikkeling geweest. Bij het Venlowarenhuis, dat oorspronkelijk crisiswarenhuis heette[11], werden de ruiten ingeschoven in een stijl die aan twee kanten gebruikt werd. Dat betekende drie verbeteringen, drie vliegen in één klap. De bouw werd goedkoper (minder hout nodig), de kieren tussen de losse lijsten verdwenen (géén directe regenval meer in de kas, die ook beter gesloten was) en als belangrijkste voordeel een betere lichttransmissie. Het was de uitwerking, de realisatie van de gedachte van de Naaldwijkse tuinbouwconsulent Wiersma zoals deze dat in 1918 verwoordde: *Het licht is de bron van arbeidsvermogen voor onze planten*[12]. Vergrotingen van de glasbreedte van 0.73 tot 1m en breder hadden alle hetzelfde effect: minder materiaalgebruik, een betere lichttransmissie, een betere sluiting van de kas (minder koudebruggen) en goedkoper.

[11] Anonymus, 1954. Veenman's Agrarische Winkler Prins, lemma warenhuis.

[12] Wierma, K., 1918. Kassen en kassenbouw. Bootsma, 's-Gravenhage: 11.

De ontwikkelingsgeschiedenis van de kas in weergegeven in de volgende figuur.[13]

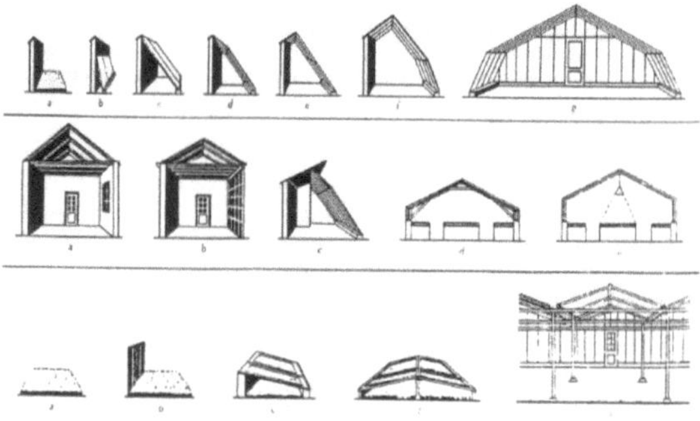

Schema, voorstellende de ontwikkeling van de kas uit muur, orangerie of zaaibed.

Druivenkas
a. Muur
b. Muur met ramen
c. Muurkas
d. Lessenaar
e. Kopkas
f. Dubbele kopkas
g. Druivenkas serre

Kasontwikkeling
a. 16e eeuw. Schuur geen glas!
b. 17e eeuw. Orangerie tweezijdig glas
c. 18e eeuw. Muurkas (twee à driezijdig glas)
d. 19e eeuw. Tweezijdige kas (alzijdig glas)
e. 20e eeuw. Kas met kunstlicht

Warenhuis
a. Bed
b. Zonnescherm van rietmat
c. Enkele (eenzijdige) bak
d. Dubbele (tweezijdige) bak
e. Warenhuis

Dit voorbeeld dat met vele andere aangevuld kan worden maakt duidelijk dat de toepassing van nieuwe vindingen in de landbouw vaak berust op twee peilers: een beter technisch resultaat en een beperking van de kosten.[14] Bij de biologische bestrijding komt dit aspect opnieuw aan de orde.

---

[13] *Vijverberg*, A.J., 1996. Glastuinbouw in ontwikkeling. Beschouwingen over de sector en de beïnvloeding ervan door de wetenschap. Eburon, Delft: 56.

[14] Vijverberg, A.J., 1996, t.a.p.: hoofdstuk 3.

Een voorbeeld van wetenschappelijk onderzoek: de verwoestijning in de kas

Een van de problemen waar de glastuinbouw in de eerste drie decennia van de twintigste eeuw mee geconfronteerd werd was een ernstige groeistagnatie in kassen die lange tijd met glas bedekt waren. Grond die lange tijd met glas bedekt was omschreef de praktijk als 'onnatuurlijk dood.' Bekend was dat dit probleem minder ernstig was op opdrachtige gronden. De wetenschappelijke verklaring, beschreven door Wiersma, van dit verschijnsel was dat de colloïden (deeltjes <10^{-6}m) te sterk uitgedroogd waren om snel water op te nemen. De praktijk ging dit verschijnsel te lijf door gedurende het winterhalfjaar de ramen van het warenhuis af te nemen. In kassen met vast glas werd in het winterhalfjaar de kas (met de kruiwagen) volgereden met sneeuw. Een andere methode was – ook met de kruiwagen – de kasgrond vervangen door grond van buiten.

K. Wiersma, Rijkstuinbouwleeraar voor Zuid-Holland: Het licht is de bron van arbeidsvermogen voor onze gewassen.

Bekend was dat de problemen van de 'onnatuurlijk dode' kasgrond op opdrachtige gronden minder ernstig waren dan op zandgronden. Op basis van deze kennis beschrijft Wiersma een methode om met een stelsel van draineerbuizen de ondergrond nat te maken en daardoor het opdrachtige karakter van de grond te versterken. Wiersma schrijft hierover:[15]

Op zand-, zavel- en zelfs op vrij zware kleigronden begint men in verschillende soorten kassen deze wijze [van infiltratie via drainbuizen] meer en meer toe te passen en vrijwel algemeen is men er uiterst voldaan over.

Ir J.M. Riemens, directeur proeftuin Naaldwijk, 1924-1953.

---

[15] Wiersma, 1918 t.a.p.: 53.

In het begin van de jaren dertig bleek dat het probleem van de 'onnatuurlijk dode grond' veroorzaakt te worden te worden door zoutophoping in de bovengrond.[16] Het systeem van infiltratie in de ondergrond diende vervangen te worden door afvoer van water (met de opgeloste zouten) uit de ondergrond (echte drainage).

Deze ontdekking, de ontdekking dat in een kas eigenlijk hetzelfde plaats vond als in een woestijn (verdamping van water aan het oppervlak en daarmee concentratie van zout aan het oppervlak) is van wezenlijke betekenis geweest voor de glastuinbouw. De ontwikkeling van de kas met het vaste kasdek, de Venlokas, was in West-Nederland niet mogelijk zonder het probleem van de verzilting opgelost te hebben. De eerste Venlokas is gebouwd in Limburg aan het eind van de jaren twintig in de vorige eeuw.[17] Omdat in Limburg de glastuinbouw plaats vond op diep ontwaterende gronden speelde het probleem van de verzilting, van de 'woestijnvorming' in de kas niet. Het idee van Wiersma uit 1918 werd in Limburg, tien jaar na de publicatie ervan, gerealiseerd. Dat idee formuleerde hij in 1918 als volgt:[18]

Construeert men het model warenhuis als vaste kas, dan kan de bouw goedkooper zijn, daar men de houten lijsten nu door een roe kan vervangen en dus besparing van materiaal en werkloon krijgt. ... De kas wordt door het aanbrengen van vaste roeden sterker en, omdat er veel minder kieren zijn, warmer. ... De grootste fout van het warenhuis is echter m.i. het tochten en lekken, en ik geloof, dat alle kweekers het met mij eens zijn, dat juist daarin vaak de bron van ziekte zit. Hoe menige plant is op de lekplaats niet weggevallen, nadat ze soms eerst een ander had aangestoken. Door deze oorzaken is dan ook het warenhuis als stookkas minder geschikt en zoo heeft men ook in dit opzicht met de vaste kas meer vrijheid van beweging.

Neerzetveiling Westerlee, 1963. De tuinder voerde de producten aan, deze werden op kwaliteit gekeurd en vervolgens door de teler neergezet naar kwaliteit en sortering (grootte). Tomaten vormden een blokproduct. De producten werden niet op naam verkocht maar op klasse (kwaliteit en grootte). Indien een tuinder een product aanvoerde dat beter was dan de gemiddelde kwaliteit van dat blok leverde dat géén individueel voordeel op.

[16] Anonymus, 1949. 25 Jaar tuinbouw –onderwijs –voorlichting –onderzoek in het Zuid-Hollands Glasdistrict. Jubileumboek ir, J.M. Riemens. Hafkamp, Amsterdam.

[17] Gerritsen, J.D. e.a.,1957. In welke richting zal de kassenbouw zich ontwikkelen? Mededelingen Directeur Tuinbouw 20: 235-239.

[18] Wiersma, 1918. t.a.p.: 69.

Druivenkwekerij gebr. Sohie, Hoeilaart, België. Sohie leerde het vak bij baron De Peuthy. De Nederlandse telers hebben de glascultuur van druiven op dit bedrijf afgekeken. Het is misschien wel het meest wezenlijke van de landbouw in onze landen: zien hoe het elders gaat, dit thuis toepassen en blijven verbeteren.
De welvaart van de ondernemers is aan het (driedubbele) woonhuis op de achtergrond af te lezen.[19]

Advertentie uit 'De R.K. boeren- en tuindersstand'; 18-11-1937. In 1937 was het dieptepunt van de crisis net voorbij.

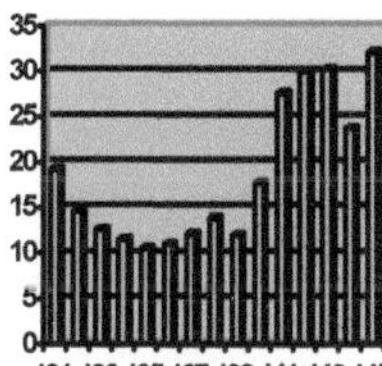

In 1935 was de veilingomzet iets meer dan de helft van 1931. De crisis was heftiger, dieper, dan die rond 1880.

[19] Michiels, A., 1978. 5000 Jaar druif, 100 jaar tafeldruif in Overijse. Gemeente Overijse.

Landbouw

Landbouw is een culturele activiteit. Een activiteit dus die menselijke inspanning vraagt. Landbouw berust op twee peilers, op twee 'kennisverschaffers', nl.:

De ervaringskennis in de landbouw opgebouwd en:

De vruchten van de natuurwetenschap.

Tot 1850 was ervaringskennis veruit de belangrijkste kennisbron voor de land- en tuinbouw. Ervaringskennis wordt vooral tussen generaties overgedragen: van vader op zoon. Wetenschappelijke informatie wordt vooral binnen één generatie overgedragen. Hierbij spelen onderwijs, studieclubs, media (vakbladen, radio, tv, internet) en toeleveranciers een belangrijke rol.

Uit de volgende grafiek blijkt dat de opbrengst per oppervlakte eenheid in de periode van de twee eeuwen, welke deze grafiek bestrijkt (1650-1850), nauwelijks gestegen is. Er is in deze perioden sprake van opbrengstbeperkende factoren, die niet of nauwelijks te beïnvloeden waren. De mineralenvoorziening van het gewas is daarvan waarschijnlijk de belangrijkste. De eerste jaren dat de polder, die in onderstaande grafiek aan de orde komt, in gebruik was, waren mineralen voldoende voorradig en was de oogstdepressie door bodemziekten waarschijnlijk geringer dan in de latere jaren. Dit is een redelijke verklaring van de hogere opbrengsten in de beginperiode.

Ontwikkeling in een bepaalde richting is pas mogelijk als het denkkader, de aangehangen filosofie, dat mogelijk maakt. Als het idee over de oorzakelijke relatie tussen een ziekte en een ziekteverwekker niet bestaat is de ontwikkeling van een middel voor de bestrijding van een ziekte nauwelijks te verwachten (zie ook paragraaf over geschiedenis gewasbescherming). Dat geldt ook voor bemesting. De kennis over het nut van bemesting voor de plantengroei is van alle tijden. Plinius (23/24AC-79) schrijft hierover:[20]

> *Er zijn verschillende soorten mest. Het gebruik ervan stamt uit de oudheid...Deze uitvinding wordt traditioneel toegeschreven aan de Griekse koning Augias.*

Aan mest werd een grote waarde toegekend, hoewel aan de werkwijze van Augias, die de mest door rivieren liet wegspoelen, is dat niet af te leiden. Slicher van Bath beschrijft een geval uit de achttiende eeuw waarin aan de bemesting 2/3 deel van de totale bedrijfskosten opgingen.[21] Op de Brabantse zandgronden was de belangrijkste reden om vee te houden de productie van mest. De grootte van de veestapel bepaalde, zeker op grotere afstand van de

---

[20] Gelder, J. van e.a., 2004. Plinius: Naturalis historia. Atheneum-Polak & Van Gennip, Amsterdam: 390.

[21] Slicher van Bath, B., 1967^6. De agrarische geschiedenis van West-Europa 500-1850. Aula 156: 279.

steden, de grootte van het akkerbouwgedeelte en de intensiteit van de bebouwing.[22] Ik noem hier de afstand van de steden omdat steden toen nog géén afval produceerden maar kostbare, stedelijke compost, verrijkt met fecaliën van mens en dier en de as (mineralen) van de haardvuren. Dichter bij de stad was dit kostbare product gemakkelijker en goedkoper te bemachtigen dan op grote afstand van de stad.

Mest speelde ook in de ontwikkeling van de tuinbouw in het Westland een belangrijke rol.[23] In 's-Gravenzande, dat slecht door waterwegen ontsloten was, werd meer vee gehouden dan elders in het Westland, waar de aanvoer van mest en stadsvuil gemakkelijker was.

Het inzicht, dat het belangrijkste effect van bemesting de mineralenvoorziening was, stamt uit de eerste helft van de negentiende eeuw.

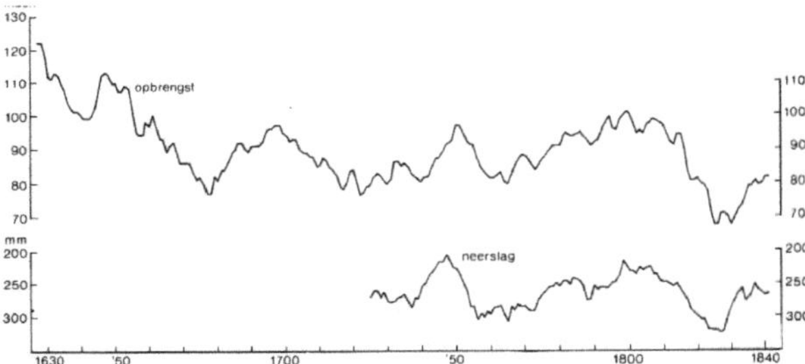

Opbrengstfluctuaties ten opzichte van de standaardopbrengst van granen, peulvruchten en fijne zaden en de neerslag gedurende het winterseizoen in de polder Nieuw-Beijerland. Aanvankelijk waren de opbrengsten hoog in deze nieuwe polder. De grafiek maakt duidelijk dat de opbrengst gedurende de beschouwde twee eeuwen gemiddeld gelijk bleef. (Bieleman, 1992).

[22] Crijns, A.H. & F.W.J. Kriellaars, 1987. Het gemengde landbouwbedrijf op de zandgronden in Noord-Brabant 1800-1885. Bijdragen tot de geschiedenis van het Zuiden van Nederland LXXII: Hoofdstuk II.

[23] Barendse t.a.p.: 19.

Toepassing van het inzicht dat de mineralenvoorziening voor de gewasgroei zo belangrijk is, kwam pas in het laatste kwart van de negentiende eeuw op gang.

De prestaties, de mogelijkheden van de landbouw worden onder meer uitgedrukt in de zaaizaadfactor. De zaaizaadfactor is de verhouding tussen de hoeveelheid zaaizaad en de geoogste hoeveelheid. In de Middeleeuwen worden hiervoor bij de graanteelt verhoudingen genoemd van 1:3 en 1:4. Bij deze teeltwijze moest dus één derde tot één vierde van de oogst bewaard blijven als zaaizaad (aangenomen dat de bewaarverliezen niet te groot waren). In de huidige teeltwijze moet men aan 1:50 of aan een lagere verhouding denken. De wetenschappelijke ontwikkeling van de landbouw heeft deze daling mogelijk gemaakt.

Friedrich Wöhler, belangrijke exponent bij de modernisering van de organische chemie en daardoor bij de modernisering van de landbouw.

De verwetenschappelijking van de landbouw is begonnen met een synthese door de Duitse chemicus Wöhler (1800-1882) in 1828. Hij synthetiseerde in het laboratorium een eenvoudige organische stof, ureum, $CO(NH_2)_2$, uit een anorganische stof, ammoniumcyanaat, NH_4OCN. Zo'n synthese wekt nu geen verbazing meer op maar was toen een revolutie. Een organische stof maken uit anorganische stof zonder de 'vis vitalis', de 'levenskracht', toe te voegen, werd in die tijd voor onmogelijk gehouden. Organische stof, zo dacht men toen, kan niet buiten het leven om gemaakt worden. De ontdekking van Wöhler betekende het begin van de ontmythologisering van de biologie en in het bijzonder van de landbouw.

De ontdekking van Wöhler, de demystificatie van de 'vis vitalis', opende de weg voor Justus van Liebig een andere Duitse chemicus. Deze toonde aan (met veel overtuiging en op een zwakke experimentele basis) dat de plant uitsluitend mineralen uit de bodem opneemt.[24] In landbouwkundige termen betekent dit dat organische stof (humus) moet mineraliseren voor deze door de plant kan worden opgenomen. De tot dan toe overheersende gedachte in de wetenschap was dat planten organische stof (humus) uit de grond opnamen. Dit idee was ontwikkeld door de beroemde Duitse landbouwkundige Thaer (1752-1828) [25] en was tot voorbij het midden van de negentiende eeuw de overheersende mening. De noodzakelijke

[24] Vijverberg, A.J., 2001. Nieuwe mythen in de landbouw? Gewasbescherming 32: 1-5.

[25] Thaer, A.D., 1809-1812. Grundsätze der rationellen Landwirtschaft. 1.- 4. Band. Berlin.

mineralisatie van organische stof betekende binnen de wetenschap definitief het einde van de theorie over de 'vis vitalis'.

Restanten van het mythische denken over de landbouw leven nog steeds voort. Ik vind dit onder meer terug in de term 'Gewasbeschermingsmiddelen van Natuurlijke Oorsprong', de naam van een van onze eigen werkgroepen. Enkele jaren geleden heb ik (bij CLM) aan een discussie deelgenomen over de vraag of een stof, geëxtraheerd uit een plant, verschilt van dezelfde, in de fabriek gesynthetiseerde stof. Mijn gesprekspartners waren van dit verschil overtuigd. Ureum, uitgescheiden door een mens of dier, heeft in de biologische landbouw (en had dit ook bij de boven genoemde discussie bij CLM) een andere gevoelswaarde, een andere betekenis dan ureum, afkomstig uit de fabriek.[26]

De invloed van het proces van verwetenschappelijking op de landbouw kan moeilijk overschat worden. Uit de voorgaande grafiek blijkt dat tussen 1600 en 1850 de opbrengst bij graan min of meer gelijk gebleven is. In de periode 1850-1860, dat is nog vóór de verwetenschappelijking van de landbouw, schommelde de tarweopbrengst rond 2250kg.ha^{-1}.[27] Een betere vruchtwisseling, waaronder de introductie van vlinderbloemige gewassen (stikstofbinding) in het vruchtwisselingsschema en een betere onkruidbestrijding door de introductie van rijenteelt zijn waarschijnlijk de belangrijkste factoren die deze opbrengststijging veroorzaakt hebben. In 1950 schommelde de opbrengst van wintertarwe rond 3.500 kg.ha^{-1}.[28] In de voorbije halve eeuw is deze opbrengst verdrievoudigd. De opbrengstverhoging per oppervlakte eenheid is de belangrijkste bijdrage van de landbouw aan de duurzaamheid van de maatschappij!

De invloed van de wetenschap op de landbouw (de verwetenschappelijking) komt nergens zo sterk tot uiting als in de glastuinbouw. Eerst een paar cijfers over de tomatenteelt. In 1954 bedroeg de gemiddelde jaarproductie van tomaten bijna 7 kg.m^{-2}.[29] Nu kijkt niemand meer op van 65 kg.m^{-2}. Deze kwantitatieve groei in productie, een vertienvoudiging in een halve eeuw,

---

[26] Dat één en dezelfde stof of product geheel verschillende gevoelswaarden kan hebben illustreer ik aan de tomatenteelt. In mijn jeugd waren bonken (meerhokkige vruchten nu vleestomaten geheten) uitsluitend toegelaten in het binnenlandse verkeer. Kriel tomaten (tomaten kleiner dan CC; nu cherry tomaten geheten) waren in het handelsverkeer niet toegestaan. Men zou met enige overdrijving kunnen zeggen dat bonken en kriel van toen nu twee topsegmenten van de tomatenmarkt vormen. Het verschijnsel dat één en dezelfde stof voor verschillende mensen geheelverschillende betekenissen kan hebben is uitgewerkt in de existentiële fenomelogie. Zie: W. Luypen, 1963. Existentiële fenomenologie. Aula: 68.

[27] Bieleman, J., 2000. en Tarweteelt en tarweveredeling. In: Techniek in Nederland in de twintigste eeuw. III. Walburg Pers, Zutphen: 181-201.

[28] Minderhoud, G., 1952[2]. De Nederlandse landbouw. Bohn, Haarlem.

[29] Anonymus, 1955. Teeltverloop en afzet van de belangrijkste producten in 1954. In: Jaarverslag 1954 Proefstation Naaldwijk: 17-20.

is gepaard gegaan met een kwalitatieve verbetering van het product.[30] Bij de teelt van wintertarwe is de productie per oppervlakte eenheid in een halve eeuw verdrievoudigd. Is dit verschil tussen enerzijds de tomatenteelt en anderzijds de tarweteelt te verklaren met de verwetenschappelijking? Het antwoord op die vraag is een éénduidig ja.

In beide teelten heeft de veredeling, de verbetering van het genotype, een belangrijke rol gespeeld. Schattingen vanuit de hoek van de akkerbouw duiden erop dat de verbetering van het genotype de helft van de totale productiestijging veroorzaakt heeft.[31] Voor de glastuinbouw is dit percentage waarschijnlijk een overschatting. In de glastuinbouw heeft waarschijnlijk de verbetering in het groeimilieu sinds 1950 een grotere rol gespeeld dan de bijdrage van de veredeling. De volgende factoren hebben, naast de verbetering van het genotype, in belangrijke mate bijgedragen aan de productiestijging in de glastuinbouw.

De verbetering van het systeem van watergeven en bemesting. Het systeem van water toediening bestond rond 1950 uit het volvelds watergeven (blank zetten) of tussen rijen liggende geulen vullen met water. Dit systeem is later vervangen door de regenleiding en weer later door een systeem van druppelbevloeiing. Het systeem evolueerde van handbediend tot volautomatisch, mede gestuurd door het klimaat. Frequentie en hoeveelheid van het water zijn nu onbeperkt regelbaar. De toediening van water aan het wortelmilieu was niet langer afhankelijk van de vraag of de tuinder tijd had of zijn kinderen een vrije woensdagmiddag hadden maar van de vraag of het gewas er behoefte aan had. Een soortgelijke evolutie heeft plaats gevonden bij de toediening van mineralen.

De positieve effecten van de introductie van de teelt op substraat zijn voor een zeer groot gedeelte toe te schrijven aan de verbetering in de toediening met water en mineralen aan het wortelmilieu.

---

[30] Voor de relatie opbrengst en kwaliteit zie mijn artikel: Kwaliteit versus kwantiteit in de landbouwproductie? Ontwikkeling van de glastuinbouw logenstraft beweerde tegenstelling. Spil, 2006 (4): 21-24.

[31] Hermsen, J.G.Th, 1988. Plantenveredeling draagt voor helft bij aan verhoging voedselproductie. Boer en Bedrijf, 13 mei: 31.

De verbetering van de kas. Veruit de belangrijkste verbetering van de kas is de grotere lichtdoorlatendheid. Die grotere lichtdoorlatendheid heeft geleid tot zowel een vergroting van de fysieke productie als tot een verbetering van de kwaliteit. De betere lichtdoorlatendheid van de kas maakte onder meer een verlenging van het teeltseizoen mogelijk. Het meerdere licht leidde tot een vergroting van het droge stof gehalte van het gewas en daarmee tot een kwaliteitsverbetering. De verhoging van het koolzuurgasgehalte (CO_2) van de kaslucht had een overeenkomstig effect als de verhoging van het lichtniveau in de kas. Wat betreft de toepassing van hoge intensiteitsbelichting kan een soortgelijke opmerking gemaakt worden.

De externalisatie. Met externalisatie bedoel ik het afstoten van bepaalde taken naar andere bedrijven. In mijn jeugd (*1933) was het tuinbouwbedrijf een echt gemengd bedrijf. Fruitteelt, groenteteelt en bloementeelt kwamen op één bedrijf voor. Het winnen van eigen zaad was heel gewoon. Datzelfde gold voor het opkweken van planten en de vervaardiging van de daarvoor benodigde potgrond. De potgrond op ons ouderlijk bedrijf had als basis de bagger van de sloot (goed voorzien van onkruidzaden). Een toen veel voorkomende werkwijze.[32] Varkensmest vormde de basis van de organische mestproductie, aangevuld met het organisch afval van gezin en tuin. Dit laatste alleen voorzover het niet geschikt was als veevoer of brandhout. De betekenis van deze laatste verandering, *een verandering in de organisatie dus,* is misschien wel de belangrijkste geweest. Betere rassen, -planten, -kassen, -irrigatie- en –automatiseringssystemen, -gewasbescherming waar onder biologische bestrijding zijn niet mogelijk anders dan door middel van gespecialiseerde bedrijven. Anders gezegd: *externalisatie heeft het mogelijk gemaakt resultaten van wetenschappelijk onderzoek op het tuinbouwbedrijf tot toepassing te brengen.*

Het gemengde tuinbouwbedrijf rond 1935 (ouderlijk bedrijf auteur). Druivenkas rechts; chrysanten (aan stokken) op achtergrond en veel groentegewassen.

[32] Boertje, G.A., D. Klapwijk & J. de Maa, 1998. Kroniek van 50 jaar potgrond. VPN, Naaldwijk.

Ik kom later op het proces van de voorlichting terug. Voorlichting wordt in de klassieke voorstelling wel omschreven als de weg waarlangs kennis de praktijk bereikt. Het is goed ons te realiseren dat veel wetenschappelijke kennis het bedrijf bereikt via aangekochte *goederen* en *diensten*. In hybride zaden is kennis vanuit de erfelijkheidsleer verpakt. De moderne kas kan niet gebouwd worden zonder kennis van de sterkteleer en de kennis, die nodig is om een glasplaat van de gewenste afmetingen te fabriceren. Zonder een diepgaande kennis van de biologie zijn biologische bestrijders niet te fabriceren noch is zonder die kennis een goed advies over het gebruik ervan te geven. In de boekhouding is kennis 'verpakt' van moderne administratietechnieken.

Externalisatie is géén vanzelfsprekendheid. In een artikel over de Zwitserse landbouw uit 1951 kwam ik het volgende spreekwoord tegen:

Der Rauch vom Herdfeuer ist das einzige, was der Bauernhaushalt ausgeben darf.[33]

Het is een illustratie van de op zelfvoorziening, in zich zelf gekeerde landbouw. Een tendens die ook in de Nederlandse literatuur (opnieuw) als wenselijk naar voren gebracht wordt. Mijns inziens is dit een heilloze weg.[34]

De visie op gewasbescherming is veranderd in de loop der jaren. Deze plaat van kort na wereldoorlog II was erop gericht boeren en tuinders tot de bestrijding van de coloradokever aan te zetten (Bieleman, 2000).

[33] Brugger, H., 1951. Die Selbstversorgung in der schweizerischen Landwirtschaft. In: Stand der Forschung auf dem Gebiete der Wirtschaftslehre des Landbaues. Schweizerischen Bauernsekretariat Brugg.

[34] Van der Ploeg maakte in 1995 in relatie met externalisatie de volgende opmerking: 'Of the phenomenology of quality production, the implied increase of added value at farm level is evidently the most important feature.' Dit is een bedenkelijk pleidooi tegen externalisatie.

Wat betekent duurzaamheid voor ons?

De mogelijkheden van verwetenschappelijking zijn nog allerminst ten einde. In een recente publicatie over de glastuinbouw wordt de mogelijkheid beschreven om met een betere regeling van het klimaat een halvering van het gebruik van fossiele energie te realiseren. Hierbij is een gelijktijdige stijging van de productie per oppervlakte eenheid met 40% voorzien.[35] Een productie van 100 kg tomaten per m^2 per jaar ligt daarmee in het verschiet. De productiviteit per eenheid energie kan, zo blijkt uit dit onderzoek met een factor 2½ omhoog.

Duurzaamheid in op de eerste plaats een kans.[36] Een kans om productieprocessen efficiënter te laten verlopen en dus kosten te besparen. Duurzaamheid leidt tot productiemethoden waarbij per uur arbeid, en/of per oppervlakte eenheid en/of per eenheid hulpstoffen (inclusief energie, meststoffen en gewasbeschermingsmiddelen) een hogere productie gerealiseerd wordt. Het boven beschreven voorbeeld over de vergroting van de glasmaat waarbij kostenbeperking (minder gebruik materiaal), beperking van inzet van hulpstoffen (minder energiegebruik) en opbrengstverhoging hand in hand gingen, is een goed voorbeeld van de weg naar duurzaamheid. Het eerder genoemde onderzoek van Ooteghem is een ander, recent, voorbeeld. Duurzaamheid is niet iets nieuws. Het zijn de deugden die onze ouders zuinig en slim noemden. Cramer zegt het in haar aanvaardingsrede zo:

Duurzaam ondernemen heeft betrekking op het in stand houden van drie soorten kapitaal: economisch, ecologisch én sociaal kapitaal.

Het economisch kapitaal omvat de bijdrage van het bedrijf aan de economische welvaart in brede zin. Het ecologisch kapitaal hangt samen met het zo spaarzaam mogelijk omgaan met natuurlijke hulpbronnen, energie en materie, en het zo lang mogelijk in de kringloop houden van grondstoffen. En het sociaal kapitaal heeft zowel betrekking op het welzijn van de eigen werknemers als op de bijdrage van het bedrijf aan de maatschappij in bredere zin.

In de land- en tuinbouw zijn tal van voorbeelden te noemen die als bouwstenen gelden voor duurzaamheid. Ik noem er vier uit de glastuinbouw.

De productieverhoging per m^2. De productieverhoging heeft, ceteris paribus, geleid tot een hogere productie per uur arbeid, per eenheid hulpstoffen (met energie als belangrijkste) en per geïnvesteerde euro. Productieverhoging per oppervlakte eenheid is de grootste bijdrage geweest in de gehele plantaardige productie op weg naar duurzaamheid. In de terminologie

---

[35] Ooteghem, R.J.C., 2007. Optimal control design for a solar greenhouse. Dissertatie Wageningen Universiteit.

[36] Cramer, J., 2006. Duurzaam ondernemen: van defensief naar innovatief. Aanvaardingsrede Universiteit Utrecht.

van Cramer betreft het hier een vergroting van zowel het economische als het ecologische kapitaal.

Het recirculeren van voedingsoplossingen. De introductie van deze techniek heeft een wezenlijke bijdrage geleverd aan de verhoging van de productie per eenheid meststoffen en per eenheid water. De productieverhoging per eenheid meststoffen is tot stand gekomen door de verspilling (vervuiling) belangrijk terug te dringen. Cramer noemt dit het langer in de kringloop houden van grondstoffen.

Het introduceren van biologische bestrijding in het geïntegreerde schema. Dit vergroot de productiviteit van het sociale kapitaal door de aangenamere werkomstandigheden en door het positieve effect dat deze bestrijdingswijze heeft op de beeldvorming over landbouw in de maatschappij. Bovendien draagt het bij aan het economische rendement.[37]

Scherper letten op de omstandigheden waaronder gewasbeschermingsmaatregelen uitgevoerd worden. Het sluiten van de ramen tijdens het spuiten leidt tot een hogere concentratie van het gewasbeschermingsmiddel in de kas en dus tot een effectiever middelengebruik. Dat daarnaast de problemen met de omgeving verkleint worden is mooi meegenomen.

Is dat alles wat met duurzaamheid te maken heeft? Nee, eigenlijk pas de helft maar wel veruit de belangrijkste helft. De SER noemt de volgende voorwaarden voor duurzaamheid in een bedrijf.[38]

Paarderugsproeimachine. De toen (1919) gebruikte middelen waren in het algemeen aanzienlijk giftiger dan de huidige.[39]

[37] Vijverberg, A.J., 2006. Gewasbescherming met biologische bestrijders en middelen. Gewasbescherming 37: 41-45.

[38] Cramer, J. t.a.p.: 8.

[39] Broek, M. van den & P.J. Schenk, 1919^3. Ziekten en beschadigingen der tuinbouwgewassen. II.: Bestrijdingsmiddelen en wettelijke voorschriften. Wolters, Groningen: 138.

Het bewust richten van de ondernemingsactiviteiten op waardecreatie in drie dimensies – Profit, People, Planet – en daarmee op de bijdrage aan de maatschappelijke welvaart op langere termijn en:
Een relatie met de verschillende belanghebbenden onderhouden op basis van doorzichtigheid en dialoog, waarbij antwoord wordt gegeven op gerechtvaardigde vragen uit de maatschappij.

Behalve dingen goed doen moet je het anderen dus ook laten weten. Communiceren naar geïnteresseerden wat er op een bedrijf gebeurt is belangrijk. Het gaat er dus om de slagzin van de reclame, van de public relations toe te passen:

Be good and tell it.

Vacuümkoeling sla. Een techniek die in de jaren zeventig van de vorige eeuw geïntroduceerd is en die een belangrijke bijdrage levert aan het kwaliteitsbehoud. Binnen twintig minuten werd de producttemperatuur teruggebracht naar 2⁰C

Duurzame landbouw

Menselijke activiteiten moeten duurzaam zijn, landbouw dus ook. Mensen moeten met die activiteit nu en in de toekomst een boterham kunnen verdienen. Dat heet economische duurzaamheid. Het moet ook een activiteit zijn waar de mensen, die er werken en die op de een of andere wijze ermee te maken hebben, trots op kunnen zijn. Dat heet sociale duurzaamheid. En we moeten zuinig zijn en niet teveel rommel achterlaten. Dat heet ecologisch duurzaamheid.

Vanuit Artemis en haar leden naar duurzaamheid kijkend ligt onze interesse *vooral* op het terrein van de ecologische duurzaamheid maar niet *uitsluitend.*

Biologische bestrijding van plagen (maar ook van ziekten) levert een bijdrage aan de sociale en economische duurzaamheid. Denk hierbij aan het boven gegeven voorbeeld van de ontwikkeling bij kassen. Ontwikkelingen gaan van start als het op een nieuwe manier beter gaat en goedkoper. Recente ervaringen hebben geleerd dat biologische bestrijding van plagen in dichte gewassen goedkoper en bedrijfszekerder is dan bestrijding met gewasbeschermingsmiddelen.[40] Als een methode goedkoper is dan een andere is het economisch duurzamer dan die andere methode. Ik denk dat dit de reden is van de groei in de biologische plaagbestrijding in de bloemisterij. Economische duurzaamheid speelt de sector van de biologische bestrijding in de kaart.

Het kan moeilijk voldoende onderstreept woorden hoe belangrijk economische duurzaamheid is voor de biologische bestrijding. Ik geef twee voorbeelden om dit te onderstrepen.

De bestrijding van de vuilboomluis, *Aphis frangulae,* in aardappelen met een combinatie van sluipwespen en galmuggen bleek in de praktijk heel goed mogelijk te zijn tegen aanvaardbare kosten. De introductie van het selectieve insecticide plenum betekende een goedkopere, effectieve bestrijding en daarmee verdween de mogelijkheid van biologische bestrijding achter de horizon.[41] De ontwikkelingskosten van een dergelijke biologische bestrijding zullen dan ook niet, of althans voorlopig niet worden terugverdiend.

Recent zijn meerdere publicaties verschenen die melding maken van gunstige resultaten van biologische bestrijding in de bloemisterij.[42] De nul-tolerantie die de Russische Federatie ingevoerd heeft voor bepaalde plaaginsecten brengt ondernemers tot de vraag of economische duurzaamheid voor hen betekent doorgaan met biologische bestrijding en daarmee afstand

---

[40] Diemen, B. van, 2006. Chemische spintbestrijding moeizamer dan geïntegreerde. Vakblad Bloemisterij 61 (24): 40-41.

[41] Bom, A., 2004. Ploegen op rotsen. Gewasbescherming 35: 56-59.

[42] Vijverberg, A.J., 2006. Gewasbescherming met biologische bestrijders en middelen. Gewasbescherming 37: 41-45.

doen van levering aan de koopkrachtige Russische markt of die economisch aantrekkelijke markt blijven beleveren. Los van emoties moeten ondernemers hierover een beslissing nemen!

Om ecologische duurzaamheid te bereiken in de landbouw is het krachtig stimuleren van het concept van geïntegreerde teelt (gewasbescherming) gewenst. Bij geïntegreerde teelt worden alle mogelijkheden gebruikt om tot een optimale teelt te komen. Uitgangsmateriaal dat vrij van ziekten, plagen en onkruiden is vormt zo'n mogelijkheid. Vruchtwisseling is een andere. Bedrijfshygiëne, waardplanten voor ziekten en plagen onder controle houden, een goede bemesting en een goede klimaatregeling (bij beschermde teelten) zijn enkele andere voorbeelden. Teeltsystemen die bij voorbaat bepaalde mogelijkheden tot optimalisatie afwijzen zijn daarom per definitie niet duurzaam. Deze laatste opmerking dwingt mij stil te staan bij de biologische landbouw.

Eikenprocessierups, Thaumetopoea processionea. 'Ik herinner mij, dat, ik meen in 1878, de weg tusschen Nijmegen en Hees voor mensch noch dier straffeloos begaanbaar was en zooveel mogelijk gemeden werd aangezien de soort daar toen in massa aanwezig was en de lucht met de fijne haren vervulde, waardoor het verkeeren op dien weg inderdaad ernstige gevolgen had.[43]

[43] Oudemans, J. Th., 1900. De Nederlandsche insecten. Nijhoff, 's Gravenhage: 458.

Biologische landbouw

Biologische landbouw is onder meer gekenmerkt door het afwijzen van synthetische gewasbeschermingsmiddelen, kunstmest en moderne veredelingstechnieken.[44] Dat zijn drie belangrijke mogelijkheden om de landbouwproductie te optimaliseren. Biologische landbouw is door deze afwijzing per definitie niet *ecologisch* duurzaam. Duurzaamheid kan moeilijk bereikt worden als à priori bepaalde mogelijkheden afgewezen worden.

Het afwijzen van deze mogelijkheden door de biologische landbouw wordt door sommigen gezien als een uiting van ultieme duurzaamheid. Er treedt immers géén vervuiling op van het milieu door gewasbeschermingsmiddelen, meststoffen of 'vreemde genen', zo stelt men. Diegenen, die deze visie aanhangen, stellen zich op als mensen die pleiten voor een verbod op het gebruik van fossiele brandstof vanwege de problemen met de CO_2 emissie. In mijn visie gaat het over doelmatiger gebruik van fossiele brandstof zoals ook doelmatiger gebruik van hulpstoffen in de landbouw geboden is.

Bij voorbaat afzien van mogelijkheden om de productie te optimaliseren is strijdig met duurzaamheid.

Biologische landbouw kan heel wel *economisch* rendabel zijn. Als er voldoende kopers zijn voor biologisch geteelde producten moeten die producten geteeld worden. In Zwitserland, 's werelds koploper op het gebied van biologische landbouw, wordt per jaar per hoofd van de bevolking ruim honderd euro besteed aan biologisch voedsel. Groei zit er niet of nauwelijks meer in maar toch een markt van ruim zevenhonderd miljoen euro![45] Groei van het biologische segment is in West-Europa zeer wel mogelijk. Vele consumenten kennen aan biologische producten een emotionele waarde toe en vinden het product lekkerder dan traditioneel geteelde producten. Zo'n product is een stevige meerprijs waard! Productdiversificatie is, zeker in de tuinbouw een activiteit, die al jaren bestaat. Oranje paprika's, gele tomaten, Saintpaulia's in een mandje, rozen in bossen van drie, vijf, zeven of twintig stuks, het gemengde boeket en boompjes gesnoeid als bonsai zijn enkele willekeurige voorbeelden van die productdifferentiatie. De door mij aangehaalde voorbeelden van product-differentiatie hebben alle zonder overheidsbemoeienis de markt bereikt.

De overheidsbemoeienis met organische landbouw stimuleert de consument (en waarschijn-lijk ook de producent) in een niet duurzame en dus verkeerde richting.[46] Die verkeerde

---

[44] Vijverberg, A.J., Nieuwe mythen in de landbouw? Gewasbescherming 32: 1-5.

[45] Stich, O, 2006. Dear reader. Activity report 2006 FiBL: Research Institute of Organic Agriculture-Switzerland, Germany and Austria: 1.

[46] Vijverberg, A.J., 2007. Overheid spreekt met twee monden. Gewasbescherming 38: 5-6.

richting kunnen wij ons als Nederland wel permitteren maar het zou rampzalig zijn als de wereld ons hierin zou volgen. Moreel gezien vind ik de steun die de Nederlandse overheid aan de biologische landbouw geeft echter hoogst bedenkelijk. Ik weet uit ervaring, althans zeker op tuinbouwgebied, dat Nederland een voorbeeldrol vervult op wereldvlak! Dat verplicht ons om ons gedrag, onze politiek ook af te stemmen op wat internationaal gewenst is. De directeur van de 'European and Mediterranean Plant Protection Organisation (EPPO) drukte zijn visie over biologische landbouw op het eind van de vorige eeuw als volgt uit:[47]

However, there is also a certain danger in the officialization (nationally and by the EU) of standards for organic farming. It is like homoeopathic pharmacy: some of its methods work, but its bases are ideological and without rigorous foundation. They do not have predictive value. So to officialize organic farming is to take society onto shaky ground.

Met de filosofie van de biologische landbouw als richtsnoer, als nastrevenswaardig, lijkt het moeilijk lijkt om een verdubbeling van de voedselproductie in de komende twintig jaar te realiseren zoals onlangs door Maat werd bepleit.[48] Waarom heeft biologische landbouw de populariteit die het heeft? Ik denk dat daar drie reden voor zijn, nl.:

In de maatschappij leeft een chemofobie, een angst voor alles wat met chemie te maken heeft. Kunstmest en gewasbeschermingsmiddelen zijn producten uit de chemische industrie. Het gebruik van die producten roept daarom maatschappelijke weerstand op.

'Natuurlijke producten', de tweede reden, hebben in de maatschappij een aangename klank. Onderscheid maken tussen 'natuurlijke' producten en 'chemische' producten is echter – wetenschappelijk gezien – niet mogelijk.[49] Met 'natuurlijk' stelt men zich dan een productiewijze voor ogen van vóór 1950. De *cultuur* dus gekenmerkt door een langere productieperiode, een lagere productiviteit en het gebruik van minder hulpstoffen (energie, kunstmest, raskeuze en gewasbeschermingsmiddelen). De consument verbindt aan deze beelden een lekkerder smaak en een betere gezondheid dan aan de nu verkrijgbare producten.

Een derde reden is dat de overheid aan de biologische landbouw het aureool verbonden heeft van nastrevenswaardig. De overheid heeft hierbij onverantwoord gehandeld. De overheid heeft niet als trendsetter, als opinieleider geopereerd maar als opinievolger. 'Men' wil het en dus doen we het. Een verschijnsel dat in de politiek niet ongewoon is.[50]

---

[47] Smith, I.M., 1999. Reflection on chapter I. In: G. Meester, D. Woittiez & A. de Zeeuw: Plant and Politics. Wageningen Pers: 49-51.

[48] Scheer, T. van der, 2007. CDA-politicus naar LTO. Groenten en fruit (10): 8.

[49] Vijverberg, A.J., 2001. Natuurlijk of chemisch? Gewasbescherming 32: 108-109.

[50] Doel, W. van der, 2006. De komende dorpsverkiezingen. De Volkskrant 14-11.

Dopluizen op *perzik* en *wijnstok* zijn insecten, die zich in den zomer aan de onder- of bovenzijde van de bladeren en aan de jonge takjes voordoen als kleine, tot 2 m.M. lange geelgroene of lichtbruine, langwerpige, platte schildjes en in het voorjaar als 3—6 m.M. groote, bruine, bolronde dopjes op de takken. De wijnstokdopluis is in Mei zeer duidelijk te herkennen aan een witte, wollige massa, die van onder het bruine schild te voorschijn komt. Schadelijk worden de dopluizen door het onttrekken van sappen aan den boom, maar vooral doordat zij aanleiding geven tot het ontstaan van *roetdauw* of *zwart*. De vruchten van aangetaste boomen blijven meestal klein en zijn bezoedeld met een zwarte laag, die er gemakkelijk kan worden afgewreven.

Afdoende bestrijding is mogelijk, door bespuiting met een carbolineumoplossing in het laatst van December of in Januari. Voor de perzik moet deze zijn ter sterkte van 5%, voor de druif 6—7½%.

Citaat uit [51]

[51] Anonymus, 1917. Dopluis op perzik en druif. Mededeelingen van den Phytopathologischen Dienst te Wageningen: 5.

Geschiedenis van de gewasbescherming

Bestrijding van plagen (dierlijke aantasters, die met het blote oog zichtbaar zijn) is ouder dan de bestrijding van ziekten (schimmels, bacteriën en nematoden).

Over de bestrijding van ziekten van planten is veel geschreven. Plinius schreef in zijn Naturalis Historia over enkele schimmelziekten. Hij schreef het volgende over de vraag of de zon dan wel de kou de oorzaak is van ziekten.[52]

De meesten beweren dat dauw die door de felle zon is ingebrand de oorzaak is van roest in het koren [roestsporen kleuren het blad ter plekke rood] en brand in de wijnstok. Ik denk dat dit ten dele onjuist is en dat elke vorm van verkoling uitsluitend ontstaat door kou, zonder dat de zon er schuld aan heeft.

De rode sporen van roest worden omschreven als verkoling. Weersomstandigheden zijn in de opvatting van Plinius de oorzaak van het optreden van ziekten. Het idee dat ziekten veroorzaakt werden door de voeding van de plant of door weersomstandigheden was in het midden van negentiende eeuw nog de gangbare opvatting. Witte, hortulanus van de Universiteit Leiden schreef in 1855:[53]

De verkeerde toepassing hiervan [van licht, lucht, warmte en water in de plantenteelt] kan als de enige oorzaak worden beschouwd van alle ziekelijke, gebrekkige of abnormale ontwikkelingen der planten; waarvan die ziekten, welke een epidemisch karakter hebben zijn uitgezonderd; daar deze meer waarschijnlijk aan atmospherische invloeden zullen moeten worden toegeschreven.

Dit citaat van een Leidse geleerde maakt duidelijk dat bij ziekten nog niet aan een verwekker gedacht werd. Het volgende citaat van de bioloog Van der Trappen uit 1859, die schrijft over de ziekte in druiven, illustreert duidelijk dat het begrip voor een relatie tussen ziekte en verwekker ook bij hem nog ver te zoeken is. In zijn betoog maakt hij een uitstapje van de aan meeldauw lijdende druif naar de aan pokken (een virusziekte) leidende mens:[54]

Hebben scheikundigen in den pok-etter bij den mensch onder andere Chloornatrium, melkzure ammonium en phosphorzure zouten gevonden, en alzoo eenige bestanddelen, welke aan het rijk der delfstoffen toebehooren, en hebben anderen door een daarin waargenomen insect het dierenrijk vertegenwoordigd gezien, welligt zal nu ook weldra eene vertegenwoordiging van het plantenrijk zich daarin aan het zoekende oog voordoen en misschien zal dat dezelfde Erysibe Tuckeri [nu bekend als Unicula necator, de veroorzaker van echte meeldauw bij druif] zijn.

[52] Gelder, 2004.t.a.p.: 413.

[53] Witte, H., 1855. Eenige oorzaken van kwijning of ziekten der planten. Leiden: 14 blz.

[54] Trappen, J.E. van der, 1859. Nog iets over de druiventeelt in het Westland en over den wijnstok in het algemeen. Flora en Pomona 6: 2-26.

Deze auteur drijft de spot met resultaten van onderzoek die niet in zijn kraam te pas komen. Er is in dit citaat geen begin van een vermoeden dat een ziekte, zowel bij mens als plant, iets met een veroorzaker (een schimmel, bacterie of virus) te maken heeft. Elke specialist (scheikundige, geoloog, entomoloog en mycoloog) vindt bij de aan pokken lijdende mens wel wat van zijn gading. Een schimmel, zo betoogt Van der Trappen, kan een begeleidend verschijnsel bij een ziekte zijn maar niet de oorzaak ervan.

Praktische kennis over de toepassing van bestrijdingsmiddelen was toen al voorhanden. Misschien is het beter van behandelingsmiddelen dan van bestrijdingsmiddelen te spreken. Voor een bestrijdingsmiddel moet er immers kennis zijn van een te bestrijden organisme. De kennis over een 'behandelingsmiddel' van enkele ziekten was ontstaan meer ondanks dan dankzij de landbouwwetenschap. In de druiventeelt, o.a. in het Westland, werd zwavel op grote schaal toegepast als bestrijding van 'de druivenziekte', nu bekend als *Unicula necator*, de echte meeldauw van druif.[55] In de graanteelt kwam in de tweede helft van de achttiende eeuw als bestrijder van steenbrand zaaizaadontsmetting in zwang.[56] De behandeling gebeurde met kalkwater; soms ook met ongebluste kalk. Dat laatste leidde tot een warmwaterbehandeling van het zaaizaad met kalk.[57] In het derde kwart van de negentiende eeuw waren dit waarschijnlijk de enige toepassingen van stoffen met een fungicide werking.

De beperkte toepassing van bestrijdingsmiddelen tot het eerste kwart van de twintigste eeuw wordt goed geïllustreerd door een Amerikaans boek over ziekten in groentegewassen.[58] Dit boek van bijna 650 blz. beschrijft de ziekten in groentegewassen. De ziekteverwekkers komen in dit boek uitgebreid aan bod. Aan fungiciden worden in totaal 10 blz. besteed. Het gaat dan over diverse koperverbindingen (w.o. Bordeauxse pap), kwikchloride (HgCl), formaldehyde (H_2CO); heet water en calciumhypochloride ($Ca(OCl)_2$.

In de tweede helft van de negentiende eeuw brak het inzicht door dat elke ziekte een unieke veroorzaker had.

---

55 Vijverberg, A.J., 2005. De druiventeelt in het Westland rond 1850. Historisch Jaarboek Westland 18: 64-81.

56 Bieleman, J., 2000. Gewasbescherming. In: Techniek in Nederland in de twintigste eeuw. Deel III, Landbouw en Voeding. Walburg Pers, Zutphen: 203-225.

57 CaO (ongebluste kalk) + H_2O (water) → $Ca(OH)_2$ (gebluste kalk) + warmte (energie)

58 Chupp, C., 1925. Manual of vegetable-garden diseases. MacMillan, New York.

Zadoks onderscheidt vier perioden in de gewasbescherming.[59] Deze indeling geeft een goede visie op onze huidige situatie. Ik geef deze perioden hieronder weer.

1. *De voorwetenschappelijke periode*. Dit is de tijd tot 1890. Ik heb daarover hierboven al wat gezegd.
2. *De pathogenistische periode*. Elke ziekte heeft een unieke veroorzaker (pathogeen). Het boek van Chupp, dat ik eerder noemde, is daar een goed voorbeeld van. Dit boek beschrijft de toen bekende ziekteverwekkers en somt de cultuurmaatregelen op om de schade zoveel mogelijk te beperken. In het laatste gedeelte van het boek komen, min of meer als afsluiting, een handvol gewasbeschermingsmiddelen aan bod.
3. *De chemistische periode*. Deze periode wordt in de menselijke geneeskunde gekenmerkt door het idee, dat elke ziekte of kwaal te bestrijden is door langs de apotheek te gaan. In de landbouw overheerst in die periode het besef, dat gewasbeschermingsmiddelen alle problemen kunnen oplossen. Deze periode gaat in 1940 van start.
4. *De ecologistische periode*. Oecos is het Griekse woord voor 'huis'. Het is de periode waarin de omgeving 'het huis waarin wij wonen' centraal staat. Ingrepen in het huis (gewasbeschermingsmiddelen toepassen) zijn akkoord, maar alleen als wij er alles aan gedaan hebben om de mogelijkheden die het huis biedt (onze cultuur en natuur) te gebruiken.

Biologische bestrijding van ziekten en plagen scoren goed in de ecologische periode. Technisch gezien is biologische bestrijding van plagen goed mogelijk. Biologische bestrijding van ziekten is (nog?) moeilijker. Veel moeilijker zelfs dan biologische plaagbestrijding.

Biologische bestrijding van plagen is ouder en breder verspreid dan biologische bestrijding van ziekten.

Globaal gesproken wordt in de plantenteelt op drie wijzen gebruik gemaakt van de mogelijkheden, die biologische bestrijding biedt, nl.:

- Gebruik maken van de voorkomende natuurlijke bestrijders van plagen, c.q. een éénmalige introductie hiervan. Een goed voorbeeld hiervan was de bestrijding van spint, *Tetranychus urticae*, bij pruimen en perziken onder glas. Eén bespuiting met een acaricide vóór de oogst en gebruik maken van de voorkomende parasieten voor de spintbestrijding na de oogst (*Stethorus punctillum* en *Typhlodromus longipilus*) gaf een bevredigende

[59] Zadoks, J.C., 1993. Speurtocht naar duurzaamheid. Diesrede Landbouw Universiteit Wageningen.

bestrijding van deze plaag.[60] In tal van meerjarige teelten (bosbouw, fruitteelt) wordt deze methode toegepast, maar ook in éénjarige teelten (rijst).

- Een tweede type van biologische bestrijding betreft de introductie van een natuurlijke vijand om een plaag te bestrijden. Vaak gebeurt dit als een plaag van elders zich gevestigd heeft. Een goed voorbeeld hiervan is de appelbloedluis, *Eriosoma lanigerum*.[61] Dit insect is rond 1787 vanuit Noord-Amerika Europa binnengekomen. In 1920 werd een natuurlijke bestrijder van de bloedluis, de sluipwesp *Aphelinus mali*, in Europa geïmporteerd. Dertig jaar later werd de parasiet overal in Nederland aangetroffen. De sluipwesp levert een bijdrage aan de bestrijding van de plaag maar is niet afdoende voor een economisch gewenst effect.
- Een derde type van biologische bestrijding dat ik onderscheid is de herhaaldelijke introductie van natuurlijke bestrijders. Deze introductie vindt meestal plaats in zeer geringe aantallen (kostenaspect!) en wordt in het Engels aangeduid met de term 'augmentative' of 'inundative biological control' Bij dit type van bestrijding komen toeleveranciers (leden van Artemis) om de hoek kijken.

Het laatste type van biologische bestrijding is overigens niet zo nieuw als sommigen denken. Citrustelers in Zuid-China beschermen al minstens sinds de 3e eeuw voor Christus hun boomgaarden tegen schadelijke rupsen door er mierenkolonies in aan te brengen. Deze wevermieren, *Oecophylla smaragdina* maken nesten van aaneengesponnen bladeren in de bomen. Met behulp van bamboestokken maakten Chinese fruittelers loopwegen van de ene boom naar de andere. In het voorjaar was (is?) er een levendige handel in kolonies.[62]

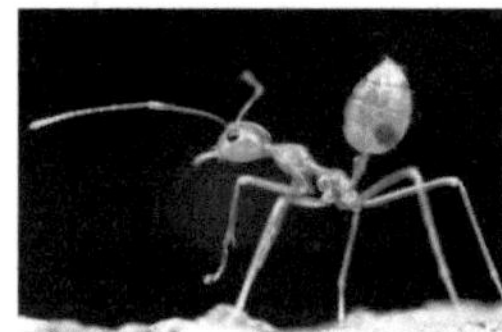

Wevermier, Oecophylla smaragdina

---

[60] Bravenboer, L., 1959. Chemische en biologische bestrijding van de spintmijt *Tetranychus urticae* Koch. Dissertatie LH, Wageningen.

[61] Evenhuis, H.H., 1958. Een oecologisch onderzoek over de appelbloedluis, *Eriosoma lanigerum*, (Hausm.), en haar parasiet *Aphelinus mali* (Hald.) in Nederland. Dissertatie RUG.

[62] Gruys, P., 1964. Biologische bestrijdingsmethoden en hun toepassing in Nederland. In: J.W. Tesch, e.a.: Op leven en dood. Problemen rondom de chemische en biologische bestrijding van plagen. Centrum voor Landbouwpublikaties en Landbouwdocumentatie Wageningen: 130-163.

Dit was Artemis avant la lettre! De resistentie tegen insecticiden van bepaalde rupsen heeft de techniek rond deze mieren weer in de belangstelling gebracht.[63]

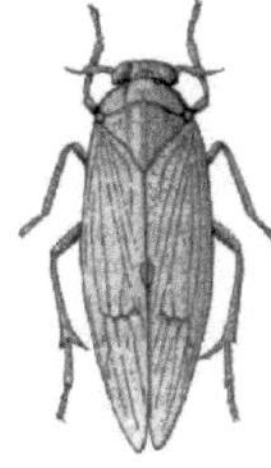

Nilaparvata lugens. Foto: Alex Wild, 2004. [64]

Toepassing van gewasbeschermingsmiddelen heeft overigens niet alleen maar voordelen. Er zijn voorbeelden van verstoring van het biologische evenwicht door het toepassen van bestrijdingsmiddelen. In mijn studententijd bezochten wij met prof. De Wilde, hoogleraar in de entomologie, boomgaarden in de omgeving van Wageningen. In verwaarloosde boomgaarden was géén spint te vinden. Er waren wel plaaginsecten te vinden, méér dan in goed onderhouden boomgaarden. In deze laatste was spint de belangrijkste plaag. Een soortgelijk effect is bekend uit de tropen. De 'brown plant hopper', *Nilaparvata lugens,* is in de rijstteelt pas een echte plaag geworden nadat gewasbeschermingsmiddelen massaal ingezet werden.[65]

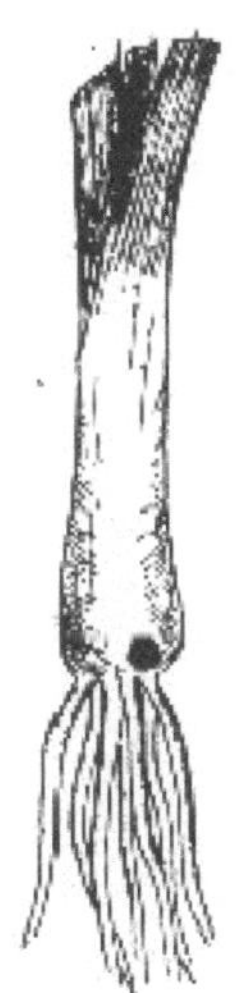

'Alles gaat voorbij behalve het verleden' schreef Luc Huyse eens. Die stelling gaat ook op voor de gewasbescherming. Ook nu wordt de stelling nog wel eens verkondigd, dat ziekten en plagen uitsluitend veroorzaakt worden door onevenwichtigheden in de voeding van het gewas.[66] Ik denk dat een voortdurende oriëntatie van de landbouw op de natuurwetenschap van belang is om in de toekomst de goede richting te blijven houden. Kennis die haaks staat op wat in de schoolbanken geleerd is, moet gewantrouwd worden!

Door uienvlieg, Delia antiqua, aangetaste preiplant. Het gaatje waardoor de larve zich naar binnen geboord heeft (secundaire aantasting) is goed zichtbaar.[67]

---

63 http://www.naturia.per.sg/buloh/inverts/weaver_ants.htm

64 CSIRO

65 Kenmore, P.E., 1991. Leerproces voor rijsttelers komt mens en milieu ten goede. Landbouwkundig Tijdschrift 103 (2): 19-22.

66 Stallen, J., 2005. Genetische manipulatie draait bodemleven de nek om. Groenten en Fruit (13): 32-33.

67 Maan, W.J., 1945. Biologie en Phaenologie van de uienvlieg *Chortophila antiqua* (Meigen) en de preimot, *Acrolepia assectella* (Zeller) als grondslag voor de bestrijding. Mededeelingen van den Tuinbouwvoorlichtingsdienst: 39.

Lastenverzwaring

In de voorbije jaren is de regelgeving op het terrein van de biologische bestrijding belangrijk uitgebreid. Er is dus – in tegenstelling met het met de mond beleden geloof – sprake van een belangrijke lastenverzwaring. In tijdsvolgorde betreft het de regelgeving rond het welzijn van dieren en de gevolgen van de Flora- en Faunawet. Ik maak over beide lastenverzwaringen enkele opmerkingen.

In de jaren negentig van de vorige eeuw heeft de overheid de welzijnswet dieren ingevoerd. Deze welzijnswet strekt zich over alle dieren uit. Dus ook over de geleedpotigen, de wormen, de holtedieren en de sponsen. Als de overheid zo'n regelgeving vaststelt lijkt het mij logisch dat zij inzicht heeft of verwerft in het welzijn van de verschillende groepen van dieren. Tot heden zijn mij géén resultaten of pogingen om resultaten te verkrijgen (onderzoek) bekend om zicht te krijgen op het welzijn van geleedpotigen. Het betreft hier een geval van duidelijke symboolwetgeving. De regel is vastgesteld en het probleem is over![68]

Een verstandige overheid zou als zij vaststelt dat haar het inzicht in het welzijn van bepaalde groepen dieren ontbreekt het besluit nemen om de werking van zo'n wet te beperken tot die stammen (klassen) van dieren waarbij enig zicht bestaat op hun welzijn. Zo niet onze Nederlandse overheid.

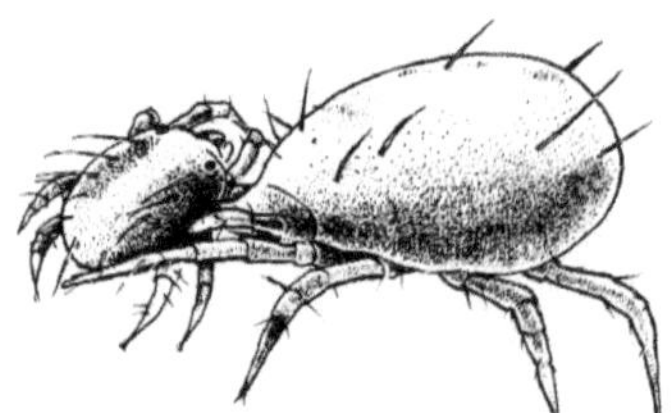

Jonge kasspintmijt (links) wordt leeggezogen door een volwassen roofmijt. Ook geleedpotigen zijn onderwerp van wetgeving op het terrein van dierenwelzijn.[69]

Na een *zeer* onzorgvuldige voorbereiding[70] besluit men een aantal soorten, welke gebruikt worden bij de opkweek van natuurlijke vijanden en waarvan men toevalligerwijze de namen heeft verkregen, toe te laten als prooidier. Ik kan mij niet aan de indruk onttrekken dat ook

[68] Oostenbrink, J.J., 1992. Wetten, waarden en symbolen. Afscheidscollege VU, Amsterdam.

[69] Anonymus, 1980. Landbouw zonder spuit. Geïntegreerde bestrijding van insectenplagen in de landbouw. Pudoc, Wageningen: 19.

[70] De bron van informatie was een advertentie waarin opgeroepen werd natuurlijke bestrijders aan te melden ten einde een vrijstelling te verkrijgen. Enkele bedrijven hebben toen ook hun prooidieren aangemeld. Deze bron heeft de overheid gebruikt om 'dit probleem' uit de wereld te helpen.

hier symboolwetgeving wordt bedreven. Er is 'passende' regelgeving gemaakt voor prooidieren, gebruikt in de biologische bestrijding, en dus is het probleem opgelost!

Een tweede voorbeeld van lastenverzwaring betreft de Flora- en Faunawet. Deze wet stam uit het begin van de eenentwintigste eeuw. In het kader van de Flora- en Faunawet is het verboden om dieren of eieren van dieren uit te zetten in ons land. De wet houdt een absoluut verbod op biologische bestrijding in. Het betreft hier een onvoorzien effect van de wet. Bij inwerkingtreding van de wet wordt in een toelichtende brochure over die effecten van de wet met géén woord gerept over biologische bestrijding.[71]

Het denken over biologische bestrijding is in de loop van de jaren veranderd. In 1985 zei Van Lenteren in zijn intreerede in Wageningen over de biologische bestrijding het volgende: [72]

Tenslotte het misverstand dat biologische bestrijding tot schadelijke neveneffecten kan leiden. De risico's voor het milieu en de mens zijn bij gebruik van biologische bestrijding gering. Geen enkele natuurlijke vijand is tot nu toe direct schadelijk geweest voor de mens. Potentiële natuurlijke vijanden worden voor gebruik aan een nauwkeurig onderzoek onderworpen om na te gaan of ze andere nuttige organismen zouden kunnen aanvallen. Als dat zo is worden ze niet gebruikt. Uiteraard kan men nooit met 100% zekerheid voorspellen.

en:

Deze gegevens maken het duidelijk dat een discussie over het risico van het gebruik van natuurlijke vijanden een triviale [zonder wezenlijke betekenis] is.

In 2003 schrijft hij in een onderzoek over de risico's van het gebruik van biologische bestrijders:[73]

The current popularity of inundative biological control may, however, result in problems, as an increasing number of activities will be executed by persons, not trained in identification, evaluation and release in biological control agencies.

De twee citaten illustreren een verschuiving in de maatschappelijke appreciatie van biologische bestrijding. Uit het laatste citaat spreekt ook een wantrouwen ten opzichte van het bedrijfsleven.

Ik denk dat genoemde verschuiving te maken heeft met minder aandacht voor de problemen van gewasbeschermingsmiddelen (het verschijnen van het boek van Rachel Carson ligt al

---

71 Faber, G., 2002.

72 Lenteren, J.C. van, 1985. Plaagbestrijding anders: Meer dan kunst- en vliegwerk? Inaugurele rede LH, Wageningen.

73 Lenteren, J.C. van et al, 2003. Environmental risk assessment of exotic natural enemies used in inundative biological control. Bio Control 48: 3-38.

ruim veertig jaar achter ons[74]). De belangstelling is verschoven in de richting van het ecologische evenwicht. Behouden we wel de soorten die 'van ons zijn' en worden we niet teveel overspoeld door 'vreemde smetten'. Ik denk dat het beleid op dit gebied niet vrij is van een zekere nostalgie: een gevoel, een hang naar het 'zuivere' verleden. In een zo internationaal georiënteerd land als Nederland met zijn historie van internationale relaties en 'mainports' is het idee van een nationaal, geïsoleerd biotoop een gotspe.

Perzikluis, Myzus persicae, eieren en vrouwtje. Versailles, 10-11-1948.[75]

---

[74] Carson, R., 1962. Silent Spring. Houghton Miffin, Boston. In het Nederlands vertaald onder de titel: Dode Lente.

[75] Bonnemaison, L., 1951. Contribution a l'étude des facteurs provoquant l'apparition des formes ailées et sexuées chez les aphididae. Annales des épiphyties 2: 2.

Taak van het onderzoek

Bij het onderzoek naar de potentiële problemen welke biologische bestrijding zou kunnen veroorzaken is het onderzoek uitgegroeid tot een gesloten keten. De onderzoekers hebben het probleem geformuleerd en financiering gekregen om het probleem te onderzoeken. Over de resultaten van hun onderzoek hebben zij gepubliceerd. Daarmee was voor de onderzoekers de kous niet af. Zij hebben ook gepubliceerd hoe het probleem opgelost diende te worden (hoe de regelgeving in elkaar diende te steken) en daarna de regelgeving geformuleerd. Vervolgens voeren zij het onderzoek uit dat nodig is om de door hen ontworpen regelgeving goed uit te voeren. Ik maak over deze ontwikkelingen een aantal kritische kanttekeningen.

Als een onderzoek aanleiding geeft tot regelgeving is een maatschappelijk debat gewenst over de vraag of regelgeving naar aanleiding van het gepubliceerde onderzoek gewenst is. Een onderzoeksresultaat moet een opschudder zijn voor het wetenschappelijke en maatschappelijke debat. De noodzaak van dit debat wordt ook gevoeld door sommige onderzoekers zoals uit het volgende citaat blijkt.[76]

BioControl is pleased to publish in this issue a FORUM article, which describes in detail for the first time a general method for assessing the environmental safety of arthropod biocontrol agents. We are aware that this topic is a very controversial one – just what FORUM articles are intended to be – and therefore this particular paper must be seen as an opening of the scientific discussion on how we can demonstrate the safety of the organisms we are working with.

Eerst na een maatschappelijk en wetenschappelijk debat moet de overheid besluiten of en zo ja welk type regelgeving gewenst is. Een convenant van de overheid met de betrokken partijen is ook een te overwegen mogelijkheid. In het geval wat wij hier bespreken is deze vraag nooit onderwerp van een publiek debat geweest.

De gevolgde werkwijze leidt tot gedrochten in regelgeving. In een concept regelgeving dat Artemis is voorgelegd was een vraag opgenomen naar de economische perspectieven. Zo'n vraag kan maar op twee manieren uitgelegd worden. Eén mogelijkheid is dat men de bedrijven wil behoeden voor het lopen van een te groot ondernemersrisico. Een andere mogelijkheid is dat de overheid extra mogelijkheden zoekt om beperkingen aan de toepassing van biologische bestrijding te introduceren. Beide mogelijkheden passen niet bij een moderne, democratische overheid.

In het bovenbedoeld concept wordt ook de vraag gesteld in *welke* gewassen, in *welke* dichtheden en in *welke* frequentie men de natuurlijke bestrijder wil uitzetten. Deze vraag is maar voor één uitleg vatbaar. De overheid wenst toekomstige toelatingen van natuurlijke

[76] Hokkanen, H.M.T., 2003. Demonstrating the safety of biocontrol. Biocontrol 48: 1.

bestrijders te beperken tot één (enkele) gewassen, tot één dichtheid en tot een genoemd aantal frequenties. Beide laatste beperkingen eventueel met vermelding van een bandbreedte. Dat de overheid de regelgeving op dit terrein flink wil uitbreiden, veel verder dan velen in het bedrijfsleven denken, is duidelijk.
Een vierde merkwaardig fenomeen is de mogelijkheid die de overheid invoert om de toestemming tot gebruik van biologische bestrijders te beperken tot delen van Nederland. Dit is heel merkwaardig als men deze regelgeving voor *zeer beweeglijke* natuurlijke vijanden vergelijkt met die voor de *onbeweeglijke* gewasbeschermingsmiddelen. Bij deze laatste groep van stoffen vertoont het toelatingsbeleid de neiging om van nationale toelating over te gaan tot regionale (internationale) toelating. Bij de natuurlijke bestrijders gaat het toelatingsbeleid de andere kant op. Van nationale naar provinciale of gemeentelijke toelating. De wonderen zijn de wereld nog niet uit!

Als er van belangenverstrengeling bij het onderzoek in deze géén sprake is geweest, is er minstens een zeer ernstige schijn van verstrengeling van belangen. Diegenen, die het probleem geformuleerd hebben, hebben het onderzoek uitgevoerd. Dit is een normale gang van zaken. Onderzoekers formuleren een probleem om een onderzoeksopdracht binnen te halen. Dezelfde groep onderzoekers formuleren de eisen, waaraan de regelgeving moet voldoen. Vervolgens gaat de regelgeving van start en zijn dezelfde onderzoekers druk met het uitvoeren van het onderzoek dat zij nodig achten om ontheffingen te verlenen. We worden hier geconfronteerd met een van de wrange producten van de privatisering van het universitaire onderzoek.

Mogelijkheden biologische bestrijding

Biologische bestrijding heeft een positief imago bij de consument, bij de overheid en de wetenschap. Het positieve imago bij de consument berust, ik heb dat eerder betoogd, op de voorkeur van de consument voor het 'natuurlijke' en de afkeer van het kunstmatige (chemofobie). Bij de overheid leeft de zorg voor voedselveiligheid, arbeidsomstandigheden en milieuomstandigheden. Vanuit de wetenschap wordt gewezen op het ontbreken van het gevaar van resistentie. Bij het gebruik van natuurlijke middelen is het standpunt vanuit de wetenschap genuanceerder. Daarnaast wijst de wetenschap – zeker op langere termijn – op de betere mogelijkheden om ziekten en plagen onder de schadedrempel te houden en de perspectieven om gewasbescherming met minder arbeidsuren te realiseren. Het Nederlandse overheidsbeleid is mede gericht op het gelijk houden van de concurrentieomstandigheden binnen de EU. Stimulansen voor (de veelal duurdere) biologische bestrijding zijn daardoor van de overheid niet te verwachten. Groei van biologische bestrijding moet het hebben van voordelen in het productieproces. In de praktijk zijn die voorbeelden gelukkig te vinden. Waar wordt biologische bestrijding toegepast?[77]

Binnen de productielandbouw is de *teelt van vruchtgroenten onder glas* koploper. Een uniek aantal factoren heeft de snelle groei van biologische bestrijding hier bevorderd. Onderzoek, optredende resistentie tegen plaagdieren en een maatschappelijk bewustzijn aangaande de gevaren van pesticiden zijn de belangrijkste. Ook de regeling van de groeiomstandigheden in de kas is belangrijk. Bij teelten onder glas worden aanzienlijk minder fungiciden gebruikt dan bij de teelt onder plastic. Bij de teelt van vruchtgroenten onder glas wordt biologische plaagbestrijding dan ook bijna algemeen toegepast.

De bloemisterij onder glas is – qua biologische bestrijding – in ontwikkeling. De grootste mogelijkheid tot kostprijsverlaging en verduurzaming is, ook in deze sector, nog steeds verhoging van de productie per oppervlakte-eenheid. Die verhoging in productie brengt een vergroting van de gewasdichtheid mee. De toepassing van gewasbeschermingsmiddelen wordt daardoor bemoeilijkt. Natuurlijke vijanden zoeken hun eigen weg en zijn in die omstandigheden een ideale vervanger van insecticiden en acariciden. In deze sector zal biologische bestrijding de komende jaren waarschijnlijk toenemen. Een bedreiging voor natuurlijke bestrijding is de nultolerantie. Nultolerantie is in een aantal gevallen een bepalende factor of export wel of niet mogelijk is. Nultolerantie vereist, volgens de

[77] Vijverberg, A.J., 2005. Gewasbescherming met biologische bestrijders en middelen. De bijdrage van de sector aan duurzame landbouw en openbare ruimten. Artemis, Gravenzande en: A.J. Vijverberg, 2006. Biological pest control in Horticulture. Chronica Horticulturae 46 (4): 14-17.

overheersende opvatting, een intensieve toepassing van pesticiden en is daardoor onmogelijk te combineren met biologische bestrijding.

De fruitteelt in de vollegrond wordt uitgeoefend in een blijvend teeltsysteem. Natuurlijke vijanden kunnen zich hier gemakkelijk vestigen. In de meeste gevallen is de opbrengst per oppervlakte eenheid onvoldoende om een regelmatige introductie van natuurlijke vijanden rendabel toe te passen. Geïntegreerde plaagbestrijding in deze sector betekent zodanig met pesticiden omgaan dat aanwezige natuurlijke vijanden maximaal gespaard worden. Een zodanig niveau van natuurlijke vijanden dat de toepassing van plaagbestrijding met gewasbeschermingsmiddelen overbodig is, lijkt niet mogelijk. Incidenteel zal de regelmatige toepassing van natuurlijke vijanden in de fruitteelt mogelijk blijven.

De *boomteeltsector* is gekenmerkt door een grote variatie aan gewassen en teeltsystemen. Efficiënte toepassing van biologische bestrijders wordt daardoor bemoeilijkt. Boomteelt onder glas bevordert de communicatie over en weer tussen bedrijven, die actief zijn in de boomteelt en in de glastuinbouw. Dit, gevoegd bij de hoge opbrengst per oppervlakte eenheid, leidt tot de verwachting dat biologische bestrijding in de boomteelt een langzame maar zekere groei zal meemaken.

De *bloembollenteelt* is gekenmerkt door een fase waarin het plantmateriaal wordt geprepareerd c.q. bewaard. Bewaring onder gecontroleerde omstandigheden (CA) biedt grote voordelen om de kwaliteit te behouden. CA bewaring is ook een ideale omstandigheid om plagen te bestrijden. De *champignonteelt* is gekenmerkt door een fase waarin het het groeimedium onder nauw gecontroleerde omstandigheden geprepareerd wordt (pasteurisatie). Ook deze fase is ideaal voor een (gedeeltelijke) ontsmetting. Ik verwacht om deze redenen niet dat biologische bestrijding in deze beide sectoren veel zal toenemen.

Een aparte plaats neemt de *akkerbouw/groenteteelt vollegrond* in. In de meeste gevallen is de opbrengst per oppervlakte eenheid hier laag. Volgens de boven aangehangen theorie zou dit betekenen dat biologische bestrijding in deze sector niet van de grond komt. Er zijn echter een aantal ontwikkelingen, welke deze theorie onderuit halen. In Frankrijk wordt op een grote oppervlakte *Trichogramma* toegepast bij de bestrijding van de maïsboorder. In Nederland wordt de steriele mannetjes techniek toegepast bij de bestrijding van de uienvlieg en worden aaltjes gebruikt bij de bestrijding van slakken in spruitkool. Illustratief is een experiment met de bestrijding van de zwarte vuilboomluis in aardappelen. Beperking van het insecticiden gebruik met gelijktijdige toepassing van natuurlijke vijanden was succesvol. De toelating van een selectief insecticide haalde de biologische bestrijding onderuit.

Uit de resultaten met biologische bestrijding, verkregen in de akkerbouw, zijn belangrijke lessen te leren. Succes is heel goed mogelijk, ook bij een lage financiële opbrengst per oppervlakte eenheid, maar het vereist veel zorg en blijvende aandacht. Behalve de extra kosten, die biologische bestrijding met zich mee brengt, vereist het ook een mentaliteitsomslag: vertrouwen in de methode, steun van de omgeving en geduld om het resultaat in de loop der tijd te zien groeien.
Een succesverhaal is *biologische bestrijding in openbare ruimten en binnentuinen*. Op deze plaatsen is de toepassing van gewasbeschermingsmiddelen nauwelijks mogelijk. Plaagdieren, vooral plaagdieren die honingdauw afscheiden, worden in de openbare ruimte als zeer hinderlijk ervaren en moeten dus bestreden worden. Biologische methoden en pesticiden die via het wortelstelsel toegediend worden, zijn hier de enige mogelijkheden.
Biologische gewasbeschermingsmiddelen en GNO's hebben met biologische bestrijders gemeen dat het middelen zijn, die in nichemarkten worden toegepast. Beide groepen middelen – biologische bestrijdingsmiddelen en GNO's – behoren tot de gewasbeschermingsmiddelen. Deze middelen mogen daarom niet worden toegepast dan nadat de Europese Unie toestemming verleend heeft om de actieve stof op de markt te brengen en de Nationale Overheid bepaald heeft onder welke voorwaarden het middel in de handel gebracht mag worden. Met een aantal, nu in de handel zijnde GNO's heeft het bedrijfsleven deze omslachtige en dure weg niet hoeven te bewandelen. Deze middelen zijn toegelaten op grond van de RUB: Regeling Uitzondering Bestrijdingsmiddelen. Bij de herziening van de bestrijdingsmiddelenwet 1962, die in voorbereiding is, zal deze regeling waarschijnlijk verdwijnen. De Europese Commissie schat dat een dossier van een bestrijdingsmiddel gemiddeld 50.000 pagina's omvat en een voorbereidingstijd nodig heeft van 4½ jaar. Ik denk dat de met de voorbereidingstijd van het dossier gepaard gaande kosten voor een middel, bestemd voor een nichemarkt, nauwelijks op te brengen zijn. Verschraling van het aanbod ligt daarom in de lijn van de verwachting. Dit ondanks de positieve verwachtingen die onderzoekers uitspreken over nieuwe technische mogelijkheden voor biologische middelen.

Perspectief biologische plaagbestrijding

In 'De menselijke maat. De aarde over tienduizend jaar' ontwikkelt prof. Kroonenberg zijn visie op de problemen rond de opwarming van de aarde.[78] Hij betoogt daarin dat wij mensen het vermogen verloren hebben (nog niet ontwikkeld hebben) om over een langere periode de golfbewegingen in het klimaat te beschouwen. Zijn boek haal ik hier aan omdat het een levendige beschrijving bevat van de variatie in ons biotoop en daarmee een illustratie is van het enorme aantal mogelijkheden, dat daar aanwezig is, ook voor de biologische bestrijding. Het is eigenlijk ook een antwoord op de sceptici die ik van tijd tot tijd ontmoet en betogen dat biologische bestrijding uitsluitend voor een enkele nichemarkt goed is en in de 'grote culturen' nooit wat wordt. Hij schrijft in zijn boek:

In een bospapaja hangt een drietenige luipaard, een grappig plat kopje met twee witte stipjes boven zijn ogen zodat hij wel vier ogen lijkt te hebben: fo-ai loiri *noemen de bosnegers hem. Luiaards brengen het grootste deel van hun leven door in boomkruinen. Hun haar heeft een speciale structuur met overlangse groeven. In de groeven groeien drie soorten groenwieren, waardoor de pels een groen uiterlijk krijgt. In de pels leven ook zes soorten mijten, drie soorten kevers (in totaal op één luiaard 978 kevers) en drie soorten motten, waarvan er een zijn hele leven daar doorbrengt. De larven van deze mot voeden zich met algen. Regelmatig daalt de luiaard af naar de voet van de boom om daar op een vaste plaats te poepen. Op dat moment vliegen de volwassen vrouwelijke motten van een van de andere soorten uit de pels naar de hoop mest om daar hun eitjes te leggen. De larven leven in de mest en als ze verpopt zijn vliegen ze naar de pels van een luiaard zodra die in de buurt komt.*

Vlasteelt in België rond 1940 (vnl. West- Vlaanderen). Een van de teelten die in onze streken sterk in betekenis is teruggelopen.[79]

---

[78] Kroonenberg, S., 2006. De menselijke maat. De aarde over tienduizend jaar. Atlas, Amsterdam.

[79] Bockstaele, L., 1976. 50 Jaar land- en tuinbouwbeleid. Provincie West-Vaanderen, Brugge.

De rol van de voorlichting

In het traditionele beeld van velen is voorlichting het proces waarin kennis vanuit het onderzoek naar de praktijk wordt doorgegeven via een intermediair: de voorlichting. De ervaringen van velen, die met voorlichting (kennisoverdracht) bezig zijn of geweest zijn, leren beter. Kennis is vaak nieuwe dingen op het ene bedrijf horen en de daarbij verkregen kennis gebruiken om beter kennis te kunnen verspreiden naar andere bedrijven. Een modern beeld van de rol van kennisverspreiding (kennisontwikkeling) is gegeven in de volgende figuur. Echte innovatie, echte ontwikkeling komt meestal tot stand in wisselwerking tussen wetenschap en praktijk. Dat geldt ook voor het terrein van de biologische- en de geïntegreerde gewasbescherming.

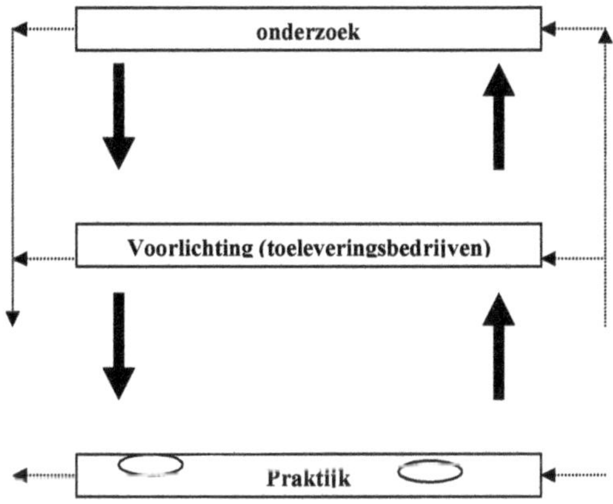

Het ideale kennissysteem. De getrokken pijlen duiden op de klassieke, hiërarchische kennisrelaties. De gestreepte pijlen duiden op de informele, effectieve contacten tussen de drie genoemde partijen. Binnen de praktijk is sprake van een intensief netwerk van kennisontwikkeling, gesymboliseerd door de ovalen.[80]

Wat betreft de voorlichting op het terrein van de geïntegreerde bestrijding hebben onze leden-handelsbedrijven een belangrijke rol. Goed advies op het terrein van geïntegreerde bestrijding vereist kennis en inzicht op de volgende terreinen:

Kennis op het terrein van de teelt.

Economisch inzicht in de bedrijfsvoering.

Kennis van de ziekten en plagen en tenslotte:

---

[80] Vijverberg, 1996. t.a.p.: blz.143.

kennis op het terrein van de verschillende bestrijdingsmogelijkheden, vooral ten aanzien van de effecten van gewasbeschermingsmiddelen en biologische bestrijders.

De ervaring in de afgelopen tien jaar heeft mij geleerd dat bij de tuinbouwtoeleveringsbedrijven een schat aan ervaring en kennis aanwezig is op deze terreinen. De praktische gerichtheid van de teeltbegeleiders gecombineerd met de kennis van gewasbeschermingsmiddelen en biologische bestrijders maakt deze groep tot welhaast de ideale groep om geïntegreerde bestrijding te promoten.

'Noblesse oblige' zegt een Frans spreekwoord. Als tuinbouwtoeleveringsbedrijven op het terrein van geïntegreerde gewasbescherming een sleutelrol vervullen moet het ons ook wat waard zijn om die positie te handhaven. Ik denk dat drie punten hierbij wezenlijk zijn, nl.:

Een blijvende oriëntatie op de praktijk. Die oriëntatie moet voldoende kritisch zijn. Waarnemingen vanuit de praktijk dienen geverifieerd en theorieën in de praktijk kritisch getoetst te worden aan het eigen inzicht. Een teler die 'een goed gevoel heeft bij een bepaalde behandeling' vormt onvoldoende basis om een toepassing te adviseren. Ik heb niet de overtuiging dat *Artemis* altijd voldoende kritisch staan tegenover nieuwe vindingen, nieuwe beweringen van de praktijk. Ook de vakpers vormt niet altijd een vast baken voor de ontwikkeling. Zonder kritische noten worden in de vakbladen nogal eens twijfelachtige dingen beweerd.

Blijvende oriëntatie op de wetenschap en nieuwe wetenschappelijke vindingen. De ontwikkeling in de wetenschap gaat snel. De mogelijkheden van morgen over het hoofd zien kost veel geld. Dat geldt ook als de mogelijkheden van overmorgen omarmd worden als zijnde die van morgen. Ik heb in het begin van mijn loopbaan als voorzitter die fout wel eens gemaakt. In 1998 wees ik in voorzichtige bewoordingen op de mogelijkheid van parthenocarpe vruchtzetting bij tomaat.[81] Ik zou nu – bijna tien jaar later – dezelfde woorden gebruiken als toen. Dat betekent dat ik toen de ontwikkeling in relatie met het gebruik van hommels verkeerd ingeschat heb.

Blijven investeren in het menselijke kapitaal van het bedrijf. Voor de productiebedrijven / leden van Artemis is eigen wetenschappelijk onderzoek onontbeerlijk. Naar mijn mening kunnen ook de handelsbedrijven niet buiten een R&D afdeling indien zij in de toekomst mee willen blijven doen.

---

[81] Vijverberg, A.J., 1998. Bestrijding en bestuiving in de volgende eeuw en de rol van Artemis. In: A.Vijverberg (red.) Biologische bestrijding en bestuiving in de glastuinbouw. Een blik vooruit vanuit de geschiedenis. Eburon, Delft: 21-27.

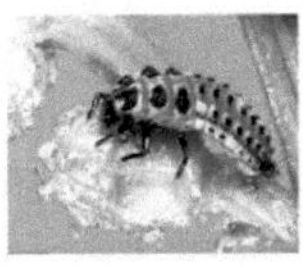

Larve van het lieveheersbeestje (foto Entocare).

Besluit

De economie, zo leerden we vroeger, kent drie productiefactoren, nl. natuur, arbeid en kapitaal.

De natuur als productiefactor komt bij voorbeeld tot uiting is het weiland, in het Groene Hart. Datzelfde weiland is ook een consumptiegoed. Het is de natuur die door de recreant maar ook door de boer als een aangenaam consumptiegoed ervaren wordt. De natuur heeft er dus een tweede functie bij gekregen, nl. die van consumptiegoed.

Eigenlijk geldt dat voor kapitaal ook. Het hebben van vermogen geldt voor velen als een verlener van status. Het geeft 'sociaal inkomen'. Bezit (kapitaal) is dus geëvolueerd van uitsluitend productiefactor tot een factor die zowel belangrijk is in de productie als in de consumptie. Misschien is het nog beter om niet van evolutie van de factor kapitaal te spreken maar van bewustwording. Wij zijn ons bewust geworden van het feit dat kapitaal (bezit) altijd al sociaal aanzien gaf en dus altijd al een 'consumptiegoed' was.

En hoe zit het dan met de laatste productiefactor: arbeid?

Over arbeid als consumptiegoed is recent een interessante beschouwing gepubliceerd.[82] Hierin wordt uitgesproken wat wij eigenlijk allemaal wel weten: arbeid is meer dan geld verdienen. Of anders gezegd: arbeid is meer dan een productiefactor die wij voor geld verkopen aan een onderneming of organisatie. Arbeid is ook een factor die ons sociale contacten oplevert. Door arbeid te verrichten krijgen wij het gevoel nuttig in de maatschappij bezig te zijn. Mensen vervelen zich niet, ze hoeven geen kattenkwaad uit te halen (jongeren) noch hoeven zij achter de geraniums plaats te nemen (ouderen).

Ik ben Artemis dankbaar voor het feit dat zij mij de gelegenheid gegeven heeft om negen jaar voor deze vereniging te werken. Negen jaar betekent ruim 10% van mijn leven. Dat is heel wat! Ik heb een grote vrijheid gekregen om die functie op een geheel eigen wijze in te vullen en dat heb ik ook gedaan.

De velen die mij de afgelopen negen jaren geholpen hebben in en rond deze functie dank ik hartelijk. Die dank geldt de leden van het bestuur, de technische commissie, de wetenschappelijke commissie, de werkgroep 'Gewasbeschermingsmiddelen van Natuurlijke Oorsprong' en de werkgroep 'Biologische Bestrijders en Bestuivers'. Heel bijzondere dank gelden Marianne van der Zijpp, de (bijna) onverbeterlijke secretaresse van Artemis en Mia, mijn vrouw, die mij in dit werk altijd gesteund heeft.

---

[82] Heertje, A., 2006. Echte economie. Een verhandeling over schaarste en welvaart en over het geloof in leermeesters en *lernen*. Annalen van het Thijmgenootschap 94: 4.

Ik wens mijn opvolger een boeiende periode toe. Insecten en overheden zullen altijd problemen blijven veroorzaken. Aan de oplossing van die problemen te mogen werken heb ik als een genoegen ervaren.

We zitten hier op ons gemak
Tevreden met een pijp tabak
Een glaasje samen drinken
Men voelt hier zich zo vrij en blij

Hoe ruim en helder in 't verschiet
Als men zoo noordwaarts henen ziet
Ver buiten wad en stranden
't Gebied der wintervorst ligt daar
Men vindt er rups noch ambtenaar
Een groote plaag in vele landen.[83]

Het scheppen van nieuwe mogelijkheden bij de bestrijding van schadelijke insecten in Land- en Tuinbouw zal in ons land op de duur slechts mogelijk zijn, indien, meer dan thans het geval is, aandacht wordt geschonken aan de fundamentele physiologische en oecologische problemen, die zich hierbij voordoen.

Stelling XII bij het proefschrift van Jan de Wilde getiteld: Onderzoekingen betreffende de koolvlieg (*Chortophila brassicae* BCHÉ) en zijn bestrijding. UvA, 1947.

[83] Marten Douwes Teenstra (1848) dichtte dit werk in de bovenzaal van het waarhuis in Noordpolderzijl. Deze bovenzaal kijkt uit op de Waddenzee. In: IJ Botke, 2002. Boer en heer. 'De Groninger boer' 1760-1960. Groninger Historische Reeks 23: 266.

Boskoopse kwekerij. Schietramen op de voorgrond. Elk raam met drie roeden en vijf ruiten op een rij (Wiersma, 1918).